“十二五”职业教育国家规划教材

经全国职业教育教材审定委员会审定

新能源类专业教学资源库建设配套教材

单片机控制技术与应用

—— 第二版 ——

刘　靖　李云梅　主编

戴裕崴　主审

U0264018

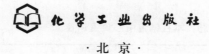

化学工业出版社

·北京·

本书从单片机 51 系列入手，系统介绍了单片机的知识，包括单片机的内部结构、指令系统、中断系统、定时器/计数器、模拟量输入与实时控制输出等，进而介绍了单片机控制技术。本书遵循以工作任务（项目）为导向的教学方法，每个学习情境中都设有若干个具体工作任务，通过这些任务的完成，使学生对单片机知识有一个总体的了解。

　　本书可作为高职高专院校机电一体化、电气自动化、新能源等相关专业的教材，也可作为中职学校机电一体化、电气自动化、新能源等相关专业的教材。

图书在版编目（CIP）数据

　　单片机控制技术与应用/刘靖，李云梅主编 . —2 版 .
北京：化学工业出版社，2017.7
　　"十二五"职业教育国家规划教材
　　ISBN 978-7-122-26504-3

　　Ⅰ.①单…　Ⅱ.①刘…②李…　Ⅲ.①单片微型计算机-计算机控制-高等职业教育-教材　Ⅳ.①TP368.1

　　中国版本图书馆 CIP 数据核字（2016）第 049294 号

责任编辑：刘　哲　　　　　　　　　　装帧设计：韩　飞
责任校对：吴　静

出版发行：化学工业出版社（北京市东城区青年湖南街 13 号　邮政编码 100011）
印　　刷：中煤（北京）印务有限公司
装　　订：中煤（北京）印务有限公司
787mm×1092mm　1/16　印张 12¼　字数 306 千字　2017 年 7 月北京第 2 版第 1 次印刷

购书咨询：010-64518888（传真：010-64519686）　　售后服务：010-64518899
网　　址：http://www.cip.com.cn
凡购买本书，如有缺损质量问题，本社销售中心负责调换。

定　　价：29.80 元

新能源类专业教学资源库建设配套教材

建设委员会成员名单

主 任 委 员：天津轻工职业技术学院
副主任委员：佛山职业技术学院
　　　　　　酒泉职业技术学院
委　　　员（按照姓名汉语拼音排列）
　　　　　　包头职业技术学院
　　　　　　常州轻工职业技术学院
　　　　　　哈尔滨职业技术学院
　　　　　　佛山职业技术学院
　　　　　　湖南电气职业技术学院
　　　　　　酒泉职业技术学院
　　　　　　兰州职业技术学院
　　　　　　乐山职业技术学院
　　　　　　秦皇岛职业技术学院
　　　　　　衢州职业技术学院
　　　　　　天津轻工职业技术学院

新能源类专业教学资源库建设配套教材

编审委员会成员名单

主 任 委 员：戴裕崴

副主任委员：李柏青　　薛仰全　　李云梅

主 审 人 员：刘　靖　　章大钧　　冯黎成

委　　　　员（按照姓名汉语拼音排列）

随着传统能源日益紧缺，新能源的开发与利用得到世界各国的广泛关注，越来越多的国家采取鼓励新能源发展的政策和措施，新能源的生产规模和使用范围正在不断扩大。《京都议定书》签署后，新的温室气体减排机制将进一步促进绿色经济以及可持续发展模式的全面进行，新能源将迎来一个发展的黄金年代。

当前，随着中国的能源与环境问题日趋严重，新能源开发利用受到越来越高的关注。新能源一方面可以作为传统能源的补充，另一方面可以有效降低环境污染。我国新能源开发利用虽然起步较晚，但近年来也以年均超过 25% 的速度增长。自《可再生能源法》正式生效后，政府陆续出台一系列与之配套的行政法规和规章来推动新能源的发展，中国新能源行业进入发展的快车道。

中国在新能源和可再生能源的开发利用方面已经取得显著进展，技术水平已有很大提高，产业化已初具规模。

新能源作为国家加快培育和发展的战略性新兴产业之一，国家已经出台和即将出台的一系列政策措施，将为新能源发展注入动力。随着投资光伏、风电产业的资金、企业不断增多，市场机制不断完善，"十三五"期间光伏、风电企业将加速整合，我国新能源产业发展前景乐观。

2015 年根据教育部教职成函【2015】10 号文件《关于确定职业教育专业教学资源库2015 年度立项建设项目的通知》，天津轻工职业技术学院联合佛山职业技术学院和酒泉职业技术学院以及分布在全国的 10 大地区、20 个省市的 30 个职业院校，建设国家级新能源类专业教学资源库，得到了 24 个行业龙头、知名企业的支持，建设了 18 门专业核心课程的教育教学资源。

新能源类专业教育教学资源库开发的 18 门课程，是新能源类专业教学中应用比较广、涵盖专业知识面比较宽的课程。18 本配套教材是资源库海量颗粒化资源应用的一个方面，教材利用资源库平台，采用手机 APP 二维码调用资源库中的视频、微课等内容，充分满足学生、教师、企业人员、社会学习者时时、处处学习的需求，大量的资源库教育教学资源可以通过教材的信息化技术应用到全国新能源相关院校的教学过程，为我国职业教育教学改革做出贡献。

戴裕崴

2017 年 6 月 5 日

前 言

单片机控制技术与应用
DANPIANJI KONGZHI JISHU YU YINGYONG

本教材第一版是全国机械职业教育教学指导委员会新能源装备技术专业指导委员会组织的《新能源系列教材》之一，是 2011 年全国职业院校技能大赛光伏发电系统安装与调试项目和 2012 年全国职业院校技能大赛风光互补发电系统安装与调试项目的理论课程配套教材，在国内相关专业产生了较大影响。教材出版后已使用了若干轮，教师和学生提出了一些问题，根据"十二五"职业教育国家规划教材选题修订建议书的要求，保持与行业单片机控制技术同步发展，现对《单片机控制技术与应用》教材进行修订，主要在内容上加入了单片机逆变技术内容，体现单片机控制与新能源技术结合的特性，控制系统的 boost 电路单片机控制是目前应用比较广的控制方案，修订过程中加入了软件、硬件内容。

"单片机控制技术"是新能源相关专业、机电一体化专业、电气自动化专业的专业基础课程，特别是新能源等相关专业的核心课程。本教材从基础的单片机 51 系列入手，与电工基础、电工电子技术、电力电子技术等前序课程紧密结合，系统介绍了单片机控制系统的知识。本教材遵循以工作任务（项目）为导向的教学方法，每个学习情境都设有若干个具体工作任务，通过这些任务的完成，使学生对单片机有总体的了解，也可增强学生的学习兴趣。希望通过本教材的学习，学生能够对单片机技术的应用建立清晰的认知，掌握其实用技术，具备在实践中进一步应用的能力。

"单片机控制技术"是新能源类专业教育教学资源库 18 门核心课程之一，是新能源类专业基础课程中应用比较广、涵盖专业知识面比较宽的课程。本教材采用手机 APP 二维码调用资源库中的视频、微课等内容，充分满足学生、教师、企业人员、社会学习者时时、处处学习的需求。教学课件可从化学工业出版社教学资源网 www.cipedu.com.cn 免费下载。

本教材借鉴国内外计算机科学与技术学科和计算机基础课程体系的研究成果，努力反映计算机科学技术的最新成果和发展趋势，强调理论与实践紧密结合，注重能力和综合素质的培养，通过实例讲解原理和方法，引导学生掌握理论方法的实际运用。

《单片机控制技术与应用》编写组的全体成员感谢天津市单片机协会给予的大力支持，为本书编写提供了大量的资料和实例，并感谢化学工业出版社的鼎力支持。

本书可以作为职业院校机电一体化、电气自动化、新能源等相关专业的教材及参考书，并对光电子、电气自动化、机电等相关领域有一定的参考价值。

本教材由天津轻工职业技术学院刘靖、李云梅任主编，刘靖负责全书规划及统稿等工作，李娜、刘靖完成学习情境一、二的编写，周树青、刘靖完成学习情境三、四的编写，翟永珺、李云梅完成学习情境五、六的编写，张润华、李云梅完成学习情境七的编写，刘靖、李云梅完成学习情境八、十的编写，刘晓英、李云梅完成学习情境九的编写，王春媚完成学习情境十一的编写并制作了全书的二维码。李云梅、孟秩颖完成部分审校和修改工作。

虽经过修订，但是限于编者水平所限，书中定有不少疏漏，恳请广大读者不吝赐教。

《单片机控制技术与应用》编写组

2017 年 4 月

"单片机控制技术"是机电一体化、电气自动化、新能源等相关专业的专业基础课程。本书从基础的单片机51系列入手，与电工基础、电工电子技术、电力电子技术等前序课程紧密结合，系统地介绍了单片机控制系统的知识。本书遵循以工作任务（项目）为导向的教学方法，每个学习情境都设有若干个具体工作任务，通过这些任务的完成，使学生对单片机知识有总体的了解，也使学生增强了学习兴趣。通过本教材的学习，能够对单片机技术的应用建立清晰的认知，掌握其实用技术，具备在实践中进一步应用的能力。

本书借鉴国内外计算机科学与技术学科和计算机基础课程体系的研究成果，努力反映计算机科学技术的最新成果和发展趋势，强调理论与实践紧密结合，注重能力和综合素质的培养，通过实例讲解原理和方法，引导学生掌握理论方法的实际运用。

《单片机控制技术与应用》编写组的全体成员感谢天津市单片机协会给予的大力支持，为本书编写提供了大量的资料和实例，并感谢化学工业出版社的鼎力支持。

本书可以作为高职高专院校机电一体化、电气自动化、新能源等相关专业的教材及参考书，也可作为中职学校机电一体化、电气自动化、新能源等相关专业的教材及参考书，并对光电子、电气自动化、机电等相关领域的工程技术人员有一定的参考价值。

本书由刘靖、李云梅任主编，刘靖负责全书规划及统稿等工作，李娜完成情境一、二的编写，周树青、刘靖完成情境三、四的编写，翟永珺完成情境五、六的编写，张润华完成情境七的编写，刘靖完成情境八、十的编写，刘晓英完成情境九的编写，李云梅、孟秩颖完成部分审校和修改工作。

由于编者水平所限，书中定有不少疏漏和不当，恳请广大读者不吝赐教。

《单片机控制技术与应用》编写组
2012 年 6 月

目 录

单片机控制技术与应用
DANPIANJI KONGZHI JISHU YU YINGYONG

学习情境 一

单片机的发展和应用领域

项目描述

通过调研单片机市场情况，区分各种类型单片机的特点并写出调研报告，了解第一代单片机在实际应用中受到一定限制以及第二代单片机逐渐成为工业应用领域中主要使用的控制器之一的原因，了解哪些单片机逐渐成为主流芯片，学习单片机应用领域情况及其内外部基本结构。

项目分析

了解 SOC（System On Chip）系列单片机的特点和 Cygnal 系列单片机的组成；学习单片机的相关基础知识。

知识点

① 单片机的定义。
② 单片机的发展过程及应用领域。
③ Cygnal 系列单片机的特点及组成。
④ 二进制、十进制、十六进制之间的关系及相关知识。

1.1 初识单片机

1.1.1 什么是单片机

随着电子技术的飞速发展，计算机已融入到人们生活的各个方面，影响着整个社会的发展过程，改变着人类的生活方式。

根据规模大小，计算机可分为巨型机、大型机、中型机、小型机和微型机。微型计算机向着两个不同方向发展：一是向着高速度、大容量、高性能的高档 PC 方向发展；二是向着稳定可靠、体积小、成本低廉的单片机方向发展。

所谓单片机，通俗来讲，就是把中央处理器 CPU（Central Processing Unit）、存储器（Memory）、定时器、I/O（Input/Output）接口电路等一些计算机的主要功能部件集成在一块集成电路芯片上的微型计算机。单片机又称为"微控制器 MCU"。中文"单片机"这一称呼是由英文名称"Single Chip Microcomputer"直接翻译而来的。

（1）单片机的主要分类

① 按应用领域可分为家电类、工控类、通信类、个人信息终端类等单片机。

② 按通用性可分为通用型单片机和专用型单片机。

通用型单片机的主要特点是：内部资源比较丰富，性能全面，而且通用性强，可满足多种应用要求。所谓资源丰富是指功能强。性能全面、通用性强是指可以应用于非常广泛的领域。通用型单片机的用途很广泛，使用不同的接口电路及编制不同的应用程序可完成不同的功能，小到家用电器仪器仪表，大到机器设备和整套生产线，都可用单片机来实现自动化控制。

专用型单片机的主要特点是：针对某一种产品或某一种控制应用专门设计，设计时已使结构最简，软硬件应用最优，可靠性及应用成本最佳。专用型单片机用途比较专一，出厂时程序已经一次性固化好，不能再修改。例如电子表里的单片机就是其中的一种，其生产成本很低。

③ 按总线结构可分为总线型单片机和非总线型单片机。

（2）应用领域

单片机可应用于工业、消费、汽车、医疗等领域。

1.1.2　单片机发展历史与高速 SOC 单片机 C8051F

1971 年 INTEL 公司研制出世界上第一个 4 位的微处理器；1973 年 INTEL 公司研制出 8 位的微处理器 8080；1976 年 INTEL 公司研制出 MCS-48 系列 8 位的单片机，这也是首个单片机问世。20 世纪 80 年代初，INTEL 公司在 MCS-48 单片机基础上，推出了 MCS-51 单片机。

基于半导体集成技术突飞猛进的发展，各种类型的单片机正日新月异地涌向市场，为单片机技术的应用人员供了极大的方便。Cygnal C8051F 系列单片机是集成的混合信号片上系统 SOC（system on chip），具有与 MCS-51 内核及指令集完全兼容的微控制器。除了具有标准 8051 的数字外设部件之外，片内还集成了数据采集和控制系统中常用的模拟部件和其他数字外设及功能部件。

Cygnal C8051F 系列单片机的功能部件包括模拟多路选择器可编程增益放大器 ADC/DAC、电压比较器、电压基准、温度传感器、SMBus/I2C、UART、SPI、可编程计数/定时器阵列（PCA）、定时器、数字 I/O 端口、电源监视器等。所有器件都有内置的 Flash 存储器和 256B 的 RAM，有些器件还可以访问外部数据存储器 RAM，即 XRAM。

Cygnal C8051F 系列单片机是真正能独立工作的片上系统 SOC。CPU 有效地管理模拟和数字外设，可以关闭单个或全部外设以节省功耗。Flash 存储器还具有在线重新编程的能力，既可用作程序存储器，又可用作非易失性数据存储。应用程序可以使用 MOVC 和 MOVX 指令对 Flash 进行读或改写。

从 MCS-51 单片机到 Cygnal C8051F 系列单片机，代表了微处理器发展的基本过程，在此基础上，出现了 ARM 高端嵌入式处理器，还出现了 DSP 数字信号处理器等具有专门用途的控制器。

我国目前最常用的单片机有如下产品：Intel—MCS51 系列，MCS96 系列；Atmel—AT 89 系列，MCS51 内核；Microchip—PIC 系列；Motorola—68HCXX 系列；Zilog—Z86 系列；Philips—87，80 系列，MCS51 内核；Siemens—SAB80 系列，MCS51 内核；NEC—78 系列；Epson 系列。

1.1.3　Cygnal C8051F 系列单片机特点

（1）片内资源

① 8～12 位多通道 ADC。

② 1～2 路 12 位 DAC。

③ 1～2 路电压比较器。

④ 内部或外部电压基准。

⑤ 内置温度传感器（±3℃）。

⑥ 16 位可编程定时/计数器阵列（PCA）可用于 PWM 等。

⑦ 3～5 个通用 16 位定时器。

⑧ 8～64 个通用 I/O 口。

⑨ 带有 I²C/SMBus、SPI、1～2 个 UART 多类型串行总线。

⑩ 8～64KB Flash 存储器。

⑪ 256～4KB 数据存储器 RAM。

⑫ 片内时钟源，内置电源监测、看门狗定时器。

（2）主要特点

① 高速的（20～25MIPS）与 8051 全兼容的 CIP-51 内核。

② 内置 Flash 存储器可实现在线系统编程，既可作程序存储器，也可作非易失性数据存储。

③ 工作电压为 2.7～3.6V，典型值为 3V。I/O、RST、JTAG 引脚均允许 5V 电压输入。

④ 全系列均为工业级芯片（-45～+85℃）。

⑤ 片内 JTAG 仿真电路提供全速的电路内仿真，不占用片内用户资源，支持断点、单步、观察点、运行和停止等调试命令，支持存储器和寄存器校验和修改。

1.1.4 有关 C8051 系列 CPU

（1）与标准 8051 完全兼容

Cygnal C8051F 系列单片机采用 CIP-51 内核（Cygnal 专利），与 MCS-51 指令系统全兼容，可以使用标准 805x 的汇编器和编译器开发编译 C8051F 系列单片机的程序。

（2）高速指令处理能力

标准的 8051 一个机器周期要占用 12 个系统时钟周期，执行一条指令最少要一个机器周期。Cygnal C8051F 系列单片机指令处理，采用流水线结构，机器周期由标准的 12 个系统时钟周期降为 1 个系统时钟周期，指令处理能力比 MCS-51 大大提高。CIP-51 内核 70％的指令执行是在 1 个或 2 个系统时钟周期内完成，只有 4 条指令的执行需 4 个以上时钟周期。CIP-51 指令与 MCS-51 指令系统全兼容，共有 111 条指令。

表 1-1 为指令个数所对应的时钟周期数。

表 1-1　时钟周期数表

指令个数	26	50	5	16	7	3	1	2	1
时钟周期	1	2	2/3	3	3/4	4	4/5	5	8

图 1-1 为几个典型 MCU 指令执行速度对照表。

（3）增加了中断源

标准的 MCS-51 只有 5 个中断源，其中 2 个是由 INT0、INT1 引脚输入的外部中断源，另外 3 个是内部中断源，即由 T0、T1 的溢出引起中断和串行口发送完一个字节或接收到一个字节数据引起的中断。Cygnal C8051F 系列单片机扩展了中断处理，这对于实时多任务系统的处理是很重要的。扩展的中断系统向 CIP-51 提供 22 个中断源，允许大量的模拟和数字外设中断，一个中断处理需要较少的 CPU 干预，却有更高的执行效率。

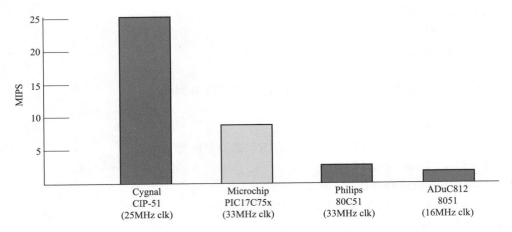

图 1-1　典型 MCU 指令执行速度对照表

（4）增加了复位源

标准的 MCS-51 只有外部引脚复位，Cygnal C8051F 系列单片机增加了如下 7 种复位源，使系统的可靠性大大提高，每个复位源都可以由用户用软件禁止：

① 片内电源监视；

② WDT（看门狗定时器）；

③ 时钟丢失检测器；

④ 比较器 0 输出电平检测；

⑤ 软件强制复位；

⑥ CNVSTR（AD 转换启动）；

⑦ 外部引脚 RST 复位（可双向复位）。

（5）提供内部时钟源

标准的 8051 只有外部时钟，Cygnal C8051F 系列单片机有内部独立的时钟源（C8051F300/F302 提供的内部时钟误差在 2％以内）。在系统复位时默认内部时钟。如果需要，可接外部时钟并可在程序运行时使用。另外，C8051F02X 系列除了内部有扩展 4KB 数据 RAM 外片外，还可扩展至 64KB 数据。

1.2　单片机介绍

MCS-51 系列单片机分为两大系列，即 51 子系列与 52 子系列。

51 子系列　基本型。根据片内 ROM 的配置，对应的芯片为 8031、8051、8751、8951。

52 子系列　增强型。根据片内 ROM 的配置，对应的芯片为 8032、8052、8752、8952。

这两大系列单片机的主要硬件特性如表 1-2 所示。

表 1-2　51 系列和 52 系列硬件特性对比

片内 ROM 型式			ROM 大小	RAM 大小	寻址范围	I/O 特性		中断源数量
无	ROM	EPROM				计数器	并行口	
8031	8051	8751	4KB	128B	64KB	2×16	4×8	5
80C31	80C51	87C51	4KB	128B	64KB	2×16	4×8	5
8032	8052	8752	8KB	256B	64KB	3×16	4×8	6
80C32	80C52	87C52	8KB	256B	64KB	3×16	4×8	6

1.2.1　MCS-51 单片机基本功能介绍

MCS-51 单片机在物理结构上有 4 个存储空间：

① 片内程序存储器；

② 片外程序存储器；

③ 片内数据存储器；

④ 片外数据存储器。

但在逻辑上，即从用户的角度看，8051 单片机有 3 个存储空间：

① 片内外统一编址的 64KB 的程序存储器地址空间；

② 256B 的片内数据存储器的地址空间；

③ 64KB 片外数据存储器的地址空间。

在访问 3 个不同的逻辑空间时，应采用不同形式的指令（具体在后面的指令系统学习时讲解），以产生不同的存储器空间的选通信号。

1.2.2　CIP-51 单片机基本功能介绍

（1）数据存储器

CIP-51 具有标准 8051 的程序和数据地址配置，它包括 256B 的 RAM，其中高 128B 用户只能用直接寻址访问 SFR 地址空间，低 128B 用户可用直接或间接寻址方式访问。前 32B 为 4 个通用工作寄存器区，接下来的 16B 既可以按字节寻址也可以按位寻址。

（2）程序存储器

C8051F 系列单片机程序存储器为 8～64KB 的 Flash 存储器。该存储器可按 512B 为一扇区编程，可以在线编程，且不需在片外提供编程电压。该程序存储器未用到的扇区均可由用户按扇区作为非易失性数据存储器使用。

（3）JTAG 调试和边界扫描

C8051F020 系列具有片内 JTAG 边界扫描和调试电路，通过 4 脚 JTAG 接口，并使用安装在最终应用系统中的产品器件，就可以进行非侵入式、全速的在系统调试。该 JTAG 接口完全符合 IEEE1149.1 规范，为生产和测试提供完全的边界扫描功能。

Silicon Labs 的调试系统支持观察和修改存储器和寄存器，支持断点、观察点、堆栈指示器和单步执行。不需要额外的目标 RAM、程序存储器、定时器或通信通道。在调试时所有的模拟和数字外设都正常工作。当 MCU 单步执行或遇到断点而停止运行时，所有外设（ADC 和 SMBus 除外）都停止运行，以保持与指令执行同步。

开发套件 C8051F020DK 具有开发应用代码所需要的全部硬件和软件，并可对 C8051F020/1/2/3MCU 进行在系统调试。开发套件中包括开发者工作室软件和调试器、一个集成的 8051 汇编器和一个 RS-232 转换到 JTAG 的串行适配器。套件中还有一个目标应用板，上面有对应的 MCU 和一大块样机区域。套件中还包括 RS-232 和 JTAG 电缆及一个墙装电源。开发套件需要一个运行 Windows 95/98/Me/NT 并有一个可用 RS-232 串口的计算机。如图 1-2 所示，PC 机通过 RS-232 与串行适配器连接。一条 6in❶ 的扁平电缆将串行适配器和用户的应用板连接起来，连接 4 个 JTAG 引脚和 V_{DD} 及 GND。串行适配器从应用板获取其电源，在 2.7～3.6V 时其电源电流大约为 20mA。对于不能从目标板上获取足够电流的应用，可以将套件中提供的电源直接连到串行适配器上。

---

❶　1in=25.4mm。

对于开发和调试嵌入式应用来说，该系统的调试功能比采用标准 MCU 仿真器要优越得多。标准的 MCU 仿真器要使用在板仿真芯片和目标电缆，还需要在应用板上有 MCU 的插座。Silicon Labs 的调试环境既便于使用，又能保证精确模拟外设的性能。

(4) 可编程数字 I/O 和交叉开关

Cygnal C8051F 系列单片机具有标准的 8051 I/O 口，除 P0、P1、P2、P3 之外，还有更多的扩展的 8 位 I/O 口，每个端口 I/O 引脚都可以设置为推挽或漏极开路输出，这为低功耗应用提供了进一步节电的能力。

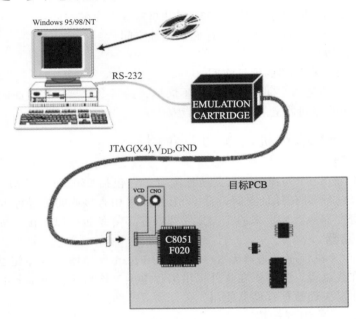

图 1-2　集成开发环境（Silicon Labs）

最为独特的是增加了（C8051F2xx 除外）"Digtal Crossbar"（数字交叉开关），它可将内部数字系统资源定向到 P0、P1 和 P2 端口的 I/O 引脚，并可将定时器串行总线外部中断源、AD 输入转换、比较器输出都通过设置 Crossbar 开关控制寄存器定向到 P0、P1、P2 的 I/O 口，这就允许用户根据自己的特定应用选择通用 I/O 端口和所需数字资源的组合。

(5) 模数/数模转换器

① 模数转换器　C8051F 系列内部都有一个 ADC 子系统（除 C8051F230/1/6 之外），由逐次逼近型 ADC 多通道模拟输入选择器和可编程增益放大器组成。ADC 工作在 100Kbps 的最大采样速率时，可提供真正的 8 位、10 位或 12 位精度。ADC 完全由 CIP-51 通过特殊功能寄存器控制系统，控制器还可以关断 ADC 以节省功耗。C8051F00x/01x/02x 还有一个 $1.2V$、$1.5 \times 10^{-6}/℃$ 的带隙电压基准发生器和内部温度传感器，并且具有 8 个外部输入通道，都可被配置为两个单端输入或一个差分输入。

可编程增益放大器的增益可以用软件设置，从 $0.5 \sim 16$ 以 2 的整数次幂递增。当不同 ADC 输入电压信号范围差距较大或需要放大一个具有较大直流偏移的信号时，可编程增益放大器是非常有用的。

A/D 转换可以有 4 种启动方式：软件命令、定时器 2 溢出、定时器 3 溢出或外部信号输入。允许用软件事件、硬件信号触发转换或进行连续转换。一次转换完成后产生一个中断，或者用软件查询来判断转换是否结束。在转换完成后，数据字被锁存到特殊功能寄存器中，对于 10 位或 12 位 ADC，可以用软件控制数据字为左对齐或右对齐格式。

　　除了 12 位的 ADC 子系统 ADC0 之外，C8051F02x 还有一个 8 位 ADC 子系统，即 ADC1 有一个 8 通道输入多路选择器和可编程增益放大器，该 ADC 工作在 500Kbps 的最大采样速率时可提供真正的 8 位精度。ADC1 的基准电压可以在模拟电源电压（AV＋）和外部 V$_{REF}$ 引脚之间选择，用户可以用软件将 ADC1 置于关断状态以节省功耗。ADC1 的可编程增益放大器的增益可以被编程为 0.5、1、2 或 4。ADC1 也有灵活的转换控制机制，允许用软件命令、定时器溢出或外部信号输入启动 ADC1 转换。用软件可以使 ADC1 与 ADC0 同步转换。

　　② 数模转换器　　C8051F 系列内有两路 12 位 DAC、两个电压比较器 CPU，通过 SFRS 控制数模转换和比较器 CPU，可以将任何一个 DAC 置于低功耗关断方式。DAC 为电压输出模式，与 ADC 共用参考电平，允许用软件命令和定时器 2、定时器 3 及定时器 4 的溢出信号更新 DAC 输出片。

　　Cygnal 提供基于 Windows 集成的在线开发调试环境，包括 IDE 软件与串口适配器 EC2、调试目标板，可实现存储器和寄存器的校验和修改；设置断点、观察点、堆栈；程序可单步运行、全速运行、停止等。在调试时，所有数字和模拟外设都能正常工作，实时反映真实情况。IDE 调试环境可做 Keil C 源程序级别的调试。对于开发和调试嵌入式应用来说，与传统的专用仿真芯片、目标电缆及仿真头的仿真器相比，Cygnal 更具优越性能，更能真实"在片"仿真实时信息。Cygnal 的调试环境既便于使用，又能保证精确模拟外设的性能。Cygnal C8051F 系列单片机开发工具既突破了昂贵开发系统的旧模式，又创立了低价位仿真的新思路。

1.3　单片机学习相关知识

1.3.1　数制和编码

(1) 进位计数制

常见的计数制有以下几种。

　　① 十进制数　　由 0～9 共 10 个数码组成，以 10 为基数，逢十进位。用来表示数时在数码后加 D（Decimal），如 58D。因为十进制数应用广泛，所以在应用时可以省略"D"。

　　例如：53478＝$5×10^4＋3×10^3＋4×10^2＋7×10^1＋8×10^0$，对应于：

万　千　百　十　个

十进制	5	3	4	7	8

10^4　10^3　10^2　10^1　10^0

　　② 二进制数　　只有 0、1 两个数码，以 2 为基数，逢二进位。用来表示数时在数码后加 B（Binary），如 10101100B。二进制是按"逢二进一"的原则进行计数的。二进制数的基为"2"，二进制数的权是以 2 为底的幂。

　　例如：10110100＝$1×2^7＋0×2^6＋1×2^5＋1×2^4＋0×2^3＋1×2^2＋0×2^1＋0×2^0$，对应于：

二进制	1	0	1	1	0	1	0	0

2^7　2^6　2^5　2^4　2^3　2^2　2^1　2^0

　　③ 十六进制数　　有 0～9 及 A、B、C、D、E、F 共 16 个数码，其中 A、B、C、D、E、F 分别对应十进制的 10、11、12、13、14、15。以 16 为基数，逢十六进位。用 H（Hexadecimal）结尾来表示，如 ACH。为防止十六进制数与其他字符混淆，若十六进制数的第一位不是 0～9，则必须在其前面加"0"以示区别，例如前面的数合理表示方式应为 0ACH。

十六进制的权为以 16 为底的幂。

例如：$4F8E = 4 \times 16^3 + F \times 16^2 + 8 \times 16^1 + E \times 16^0 = 20366$，对应于：

十六进制	4	F	8	E
	16^3	16^2	16^1	16^0

（2）三种进制数直接互相转换

① 三种进制数对应关系如表 1-3 所示。

表 1-3　二、十、十六进制对照表

十六进制数	十进制数	二进制数
0	0	0000
1	1	0001
2	2	0010
3	3	0011
4	4	0100
5	5	0101
6	6	0110
7	7	0111
8	8	1000
9	9	1001
A	10	1010
B	11	1011
C	12	1100
D	13	1101
E	14	1110
F	15	1111

② 十进制数转换成二进制数的方法（除二取余法）。就是用 2 去除该十进制数，得商和余数，此余数为二进制代码的最小有效位（LSB）或最低位的值；再用 2 除该商数，又可得商数和余数，则此余数为 LSB 左邻的二进制代码（次低位）。依此类推，从低位到高位逐次进行，直到商是 0 为止，就可得到该十进制数的二进制代码。

例如将 $(67)_{10}$ 转换成二进制数，过程如下：

```
2 | 67
2 | 33    1    余数    低位
2 | 16    1    余数
2 |  8    0    余数
2 |  4    0    余数
2 |  2    0    余数
2 |  1    0    余数
      0    1    余数    高位
```

即：$(67)_{10} = (1000011)_2$

1.3.2　逻辑运算

（1）逻辑与运算基本规则

$0 \cap 0 = 0$

$1 \cap 0 = 0 \cap 1 = 0$

$1 \cap 1 = 1$

（2）逻辑或运算基本规则

$0 \cup 0 = 0$

$1 \cup 0 = 0 \cup 1 = 1$

$1 \cup 1 = 1$

（3）逻辑非运算基本规则

$/0 = 1$

$/1 = 0$

（4）逻辑异或运算基本规则

$0 \oplus 0 = 1 \oplus 1 = 0$

$1 \oplus 0 = 0 \oplus 1 = 1$

1.3.3　真值与机器数

单片机用来表示数的形式，称为机器数，也称为机器码。而把对应于该机器数的算术值称为真值。

设 N1＝＋1010101，N2＝－1010101，这两个数在机器中表示为：

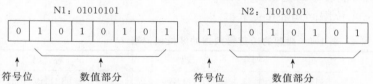

在计算机中还有一种数的表示方法，即机器中的全部有效位均用来表示数的大小，此时无符号位，这种表示方法称为无符号数的表示方法：

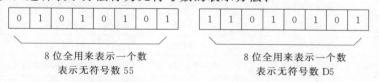

1.3.4　原码、反码、补码

（1）原码表示法

原码表示法是最简单的一种机器数表示法，只要把真值的符号部分用 0 或 1 表示即可。

例如，真值为＋34 与－34 的原码形式为：

$[+34]_原 = 00100010$

$[-34]_原 = 10100010$

0 的原码有两种形式：

$[+0]_原 = 00000000$

$[-0]_原 = 10000000$

8 位二进制数原码的表示范围为 11111111～01111111，对应于－127～＋127。

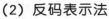
(2) 反码表示法

反码是二进制数的另一种表示形式。正数的反码与原码相同。负数的反码是将其原码除符号位外按位求反,即原来为 1 变为 0,原来为 0 变为 1。

例如:$[+34]_反 = [+34]_原 = 00100010$

$[-34]_原 = 10100010$,$[-34]_反 = 11011101$

0 的反码也有两种形式:

$[+0]_反 = 00000000$

$[-0]_反 = 11111111$

8 位二进制数反码的表示范围为 $10000000 \sim 01111111$,对应于 $-127 \sim +127$。

(3) 补码表示法

$$
\begin{array}{rr}
01100000 & 96 \\
-00010101 & -21 \\
\hline
01001011 & 75
\end{array}
\qquad
\begin{array}{rr}
01100000 & 96 \\
+11101011 & +235 \\
\hline
1\ 01001011 & 75
\end{array}
$$

丢失

正数的补码表示方法与原码相同,负数的补码表示方法为它的反码加 1。

例如:$[-21]_原 = 10010101$

$[-21]_反 = 11101010$

$[-21]_补 = 11101011$

0 的补码只有一种表示方法,即 $[+0]_补 = [-0]_补 = 00000000$。

8 位二进制数的补码所能表示的范围为 $10000000 \sim 01111111$,对应于 $-128 \sim +127$。

典型的带符号数据的 8 位编码如表 1-4 所示。

表 1-4 典型的带符号数据的 8 位编码表

真 值	原 码	反 码	补 码
+127	0111 1111B	0111 1111B	0111 1111B(7FH)
+1	0000 0001B	0000 0001B	0000 0001B(01H)
+0	0000 0000B	0000 0000B	0000 0000B(00H)
-0	1000 0000B	1111 1111B	0000 0000B(00H)
-1	1000 0001B	1111 1110B	1111 1111B(FFH)
-127	1111 1111B	1000 0000B	1000 0001B(81H)
-128	—	—	1000 0000B(80H)

1.3.5 BCD 码

BCD 码对照表如表 1-5 所示。

表 1-5 BCD 码对照表

十进制	8421BCD 码	二进制
0	0000	0000
1	0001	0001
2	0010	0010

续表

十进制	8421BCD 码	二进制
3	0011	0011
4	0100	0100
5	0101	0101
6	0110	0110
7	0111	0111
8	1000	1000
9	1001	1001
10	0001　0000	1010
11	0001　0001	1011
12	0001　0010	1100
13	0001　0011	1101
14	0001　0100	1110
15	0001　0101	1111

ASCII 码是一种 8 位代码，最高位一般用于奇偶校验，用其余的 7 位代码来对 128 个字符编码，其中 32 个是控制字符，96 个是图形字符。

1.3.6　常用逻辑元件及功率输出元件

（1）三态输出门

所谓三态门，就是具有高电平、低电平和高阻抗三种输出状态的门电路。与基本门电路相比，多了一个控制使能端。当使能端信号有效时，正常工作；当使能端禁止时，输入与输出之间呈高阻状态。即输出有高电平、低电平及高阻三种状态。见图 1-3。

$E_N=0，Y=\overline{A \cdot B}$ 　　　　　　　 $E_N=1，Y=\overline{A \cdot B}$

$E_N=1，Y$ 为高阻状态 　　　　　 $E_N=0，Y$ 为高阻状态

图 1-3　三态输出门

（2）编码器

编码是将特定含义的输入信号（文字、数字、符号）转换成二进制代码的过程。实现编码操作的电路称为编码器，其原理如图 1-4所示。

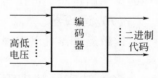

图 1-4　编码器原理图

（3）译码器

数据选择器从多个数据中选择出一个数据，也叫多路转换器，其功能类似一个多投开关，是一个多输入、单输出的组合逻辑电路。译码器原理和选择器功能分别见图 1-5 和图 1-6。

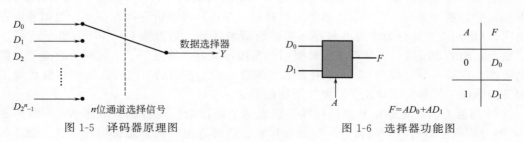

图 1-5　译码器原理图　　　　　　　　图 1-6　选择器功能图

（4）触发器

JK 触发器和 D 触发器的功能分别见表 1-6 和表 1-7。

表 1-6　JK 触发器逻辑功能表

J	K	CP	Q^{n+1}
0	0	↑ ↓	Q^n
0	1	↑ ↓	0
1	0	↑ ↓	1
1	1	↑ ↓	Q^n

表 1-7　D 触发器逻辑功能表

D	CP	Q^{n+1}	
		$Q^n=0$	$Q^n=1$
0	↑ ↓	0	0
1	↑ ↓	1	1

（5）寄存器

触发器是一位寄存器，可以存放 1 位二进制信息，并且具有接收和输出二进制数的功能。N 个触发器便可构成 N 位寄存器。

（6）计数器

在数字电路和计算机中，计数器是基本部件之一，它能累计输入脉冲的个数。当输入脉冲的频率固定时，可作为定时器使用。

（7）运算器

代数运算器可以实现加、减、乘、除等算术运算，逻辑运算器可以实现与、或、非等逻辑运算。

（8）功率场效应管（MOSFET）

MOS 场效应管即金属-氧化物-半导体型场效应管，英文缩写为 MOSFET（Metal Oxide Semiconductor Field Effect Transistor），属于绝缘栅型。其主要特点是在金属栅极与沟道之间有一层二氧化硅绝缘层，因此具有很高的输入电阻（最高可达 $10^{15}\,\Omega$）。它也分 N 沟道管和 P 沟道管，符号如图 1-7 所示。通常是将衬底（基板）与源极 S 接在一起。根据导电方式的不同，MOSFET 又分为增强型和耗尽型。所谓增强型，是指当 $U_{GS}=0$ 时管子呈截止状态，加上正确的 U_{GS} 后，多数载流子被吸引到栅极，从而"增强"了该区域的载流子，形成导电沟道。耗尽型则是指当 $U_{GS}=0$ 时即形成沟道，加上正确的 U_{GS} 时，能使多数载流子流出沟道，因而"耗尽"了载流子，使管子转向截止。

以 N 沟道为例，它是在 P 型硅衬底上制成两个高掺杂浓度的源扩散区 N^+ 和漏扩散区 N^+，再分别引出源极 S 和漏极 D。源极与衬底在内部连通，两者总保持等电位。图 1-7 中

A 的箭头方向是从外向内，表示从 P 型材料（衬底）指向 N 型沟道。当漏极接电源正极，源极接电源负极并使 $U_{GS}=0$ 时，沟道电流（即漏极电流）$I_D=0$。随着 U_{GS} 逐渐升高，受栅极正电压的吸引，在两个扩散区之间感应出带负电的少数载流子，形成从漏极到源极的 N 型沟道，当 U_{GS} 大于管子的开启电压 U_{TN}（一般约为 +2V）时，N 沟道管开始导通，形成漏极电流 I_D。

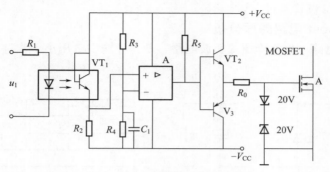

图 1-7　场效应管的一种驱动电路

国产 N 沟道 MOSFET 的典型产品有 3DO1、3DO2、3DO4（以上均为单栅管）、4DO1（双栅管）。

MOS 场效应管比较"娇气"。这是由于它的输入电阻很高，而栅-源极间电容又非常小，极易受外界电磁场或静电的感应而带电，而少量电荷就可在极间电容上形成相当高的电压（$U=Q/C$），将管子损坏。因此出厂时各引脚都绞合在一起，或装在金属箔内，使 G 极与 S 极呈等电位，防止积累静电荷。管子不用时，全部引线也应短接。在测量时应格外小心，并采取相应的防静电感措施。

MOS 场效应管的检测方法如下。

(1) 准备工作

测量之前，先把人体对地短路后才能摸触 MOSFET 的引脚。最好在手腕上接一条导线与大地连通，使人体与大地保持等电位，再把引脚分开，然后拆掉导线。

(2) 判定电极

将万用表拨于 R×100 挡，首先确定栅极。若某脚与其他脚的电阻都是无穷大，证明此脚就是栅极 G。交换表笔重新测量，S、D 之间的电阻值应为几百欧至几千欧，其中阻值较小的那一次，黑表笔接的为 D 极，红表笔接的是 S 极。3SK 系列产品 S 极与管壳接通，据此很容易确定 S 极。

(3) 检查放大能力（跨导）

将 G 极悬空，黑表笔接 D 极，红表笔接 S 极，然后用手指触摸 G 极，表针应有较大的偏转。双栅 MOS 场效应管有两个栅极 G1、G2。为区分之，可用手分别触摸 G1、G2 极，其中表针向左侧偏转幅度较大的为 G2 极。

目前有的 MOSFET 管在 G、S 极间增加了保护二极管，平时就不需要把各引脚短路了。

MOS 场效应晶体管在使用时应注意分类，不能随意互换。MOS 场效应晶体管由于输入阻抗高（包括 MOS 集成电路），极易被静电击穿，使用时应注意以下规则。

① MOS 器件出厂时通常装在黑色的导电泡沫塑料袋中，切勿自行随便拿个塑料袋装。也可用细铜线把各个引脚连接在一起，或用锡纸包装。

② 取出的 MOS 器件不能在塑料板上滑动，应用金属盘来盛放待用器件。

③ 焊接用的电烙铁必须良好接地。

④ 在焊接前应把电路板的电源线与地线短接，在 MOS 器件焊接完成后再分开。

⑤ MOS 器件各引脚的焊接顺序是漏极、源极、栅极。拆机时顺序相反。

⑥ 电路板在装机之前，要用接地的线夹子去碰一下机器的各接线端子，再把电路板接上去。

⑦ MOS 场效应晶体管的栅极在允许条件下，最好接入保护二极管。在检修电路时应注意查证原有的保护二极管是否损坏。

(4) Buck/Boost 电路原理分析

① Buck 变换电路　也称降压式斩波电路，是一种输出电压小于输进电压的单管不隔离直流变换电路。

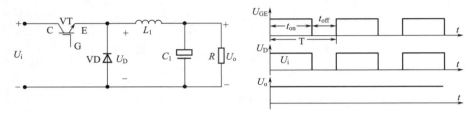

图 1-8　降压式斩波电路 $U_o = U_i D_y$

图 1-8 中，VT 为开关管，其驱动电压一般为 PWM（pulse width modulation，脉宽调制）信号，信号周期为 T_s，则信号频率为 $f = 1/T_s$，导通时间为 T_{on}，关断时间为 T_{off}，则周期 $T_s = T_{on} + T_{off}$，占空比 $D_y = T_{on}/T_s$。

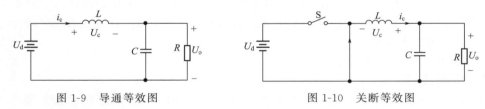

图 1-9　导通等效图　　　　　　　　图 1-10　关断等效图

$0 \leqslant t \leqslant t_1$，晶体管 VT 导通，其等效电路如图 1-9 所示。假定时间 t 从 $0 \rightarrow t_1$ 期间，U_o、U_d 不变，电感电流线性上升，从 I_1 上升到 I_2，则有：

$$U_L = L \frac{d_{iL}}{d_t} = L \frac{I_2 - I_1}{t_1} = L \frac{\Delta I}{t_1} = U_d - U_o$$

$t_1 \leqslant t \leqslant t_2$，晶体管 VT 关断，续流二极管 VD 导通，等效电路如图 1-10 所示，此时，电感 L 释放磁能，在时间 $t_1 \rightarrow t_2$ 期间，电感电流从 I_2 下降到 I_1，则有：

$$U_L = L \frac{I_2 - I_1}{t_2 - t_1} = L \frac{\Delta I}{t_2 - t_1} = U_o$$

从上述情况可推导出

$$U_o = D_y U_d$$

② Boost 变换电路　也称升压式斩波电路，是一种输出电压高于输入电压的单管不隔离直流变换电路。

开关管 VT 也为 PWM 控制方式，但最大占空比 D_y 必须限制，不能在 $D_y = 1$ 的状态下工作。电感 L_f 在输入侧，称为升压电感。Boost 变换器也有 CCM 连续导电模式（continuous conduction mode，CCM）和 DCM 断续导通模式（discontinuous conduction mode，DCM）两种工作方式。

③ Buck/Boost 变换电路　也称升降压式变换电路（图 1-11 和图 1-12），是一种输出电压既可低于也可高于输入电压的单管不隔离直流变换电路，但其输出电压的极性与输入电压相反。Buck/Boost 变换电路可看做是 Buck 变换电路和 Boost 变换电路串联而成，合并了开关管。

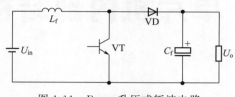

图 1-11　Boost 升压式斩波电路
$$U_o = U_i/(1-D_y)$$

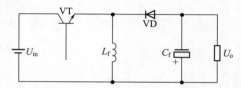

图 1-12　Buck/Boost 降压式变换电路
$$U_o = U_i D_y/(1-D_y)$$

Buck/Boost 变换器也有 CCM 和 DCM 两种工作方式，开关管 VT 也为 PWM 控制方式。

- Buck 电路-降压斩波器，其输出均匀电压 U_o 小于输入电压 U_i，极性相同。
- Boost 电路-升压斩波器，其输出均匀电压 U_o 大于输入电压 U_i，极性相同。
- Buck-Boost 电路-降压或升压斩波器，其输出均匀电压 U_o 大于或小于输入电压 U_i，极性相反，电感传输。

思考题

1. 微型计算机由哪几部分组成？

2. 什么是单片机？它与一般微型计算机在结构上有什么区别？

3. 单片机主要应用在哪些方面？

4. 将下面的一组十进制数转换成二进制数：

　①56　　②74　　③23　　④19　　⑤89　　⑥68

　⑦142　　⑧76.87　　⑨0.375　　⑩9.325　　⑪83.625　　⑫134.0625

5. 将下面的二进制数转换成十进制数和十六进制数：

　①10110011　　②10100101　　③11101001　　④10011110　　⑤10000101

　⑥11000101　　⑦11101110　　⑧10001100　　⑨11011.11　　⑩101.01101

6. 原码已经在下面列出，试写出各数的反码与补码：

　①10001101　　②10101100　　③11101011　　④10001001

　⑤11111111　　⑥01100001　　⑦01110001　　⑧11111001

7. 8 位二进制数的补码所能表示的范围为多少？

8. MOS 场效应管的检测方法是如何进行的？

9. MOS 场效应晶体管在使用时应注意什么问题？

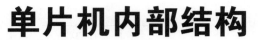

单片机内部结构

项目描述

在学习单片机的基本参数和地址、数据、指针、寻址、存储空间结构等基本概念的基础上，掌握在给定工作任务情况下，选择所需最经济的单片机的方法。在 keil 系统下工作，采用数据指针指向内存空间地址的方式，把 A 地址的内容转移到 B 地址，掌握存储区的分配使用情况。利用现有软件系统了解单片机的系统硬件结构，ROM、RAM、寄存器、功能模块等的应用。了解单片机特殊功能寄存器及交叉开关的工作原理。

知识点

① MCS-51 单片机引脚的定义。

② 单片机存储器分配情况。

③ 各种特殊功能寄存器的功能及定义。

④ 片内晶体控制寄存器的功能。

⑤ 单片机复位源及其功能。

⑥ 交叉开关各功能寄存器的功能。

2.1 MCS-51 单片机基本组成及引脚功能

2.1.1 单片机的基本组成

(1) 中央处理器 (CPU)

MCS-51 的 CPU 能处理 8 位二进制数或代码。CPU 是单片机的主要核心部件，在 CPU 里包含了运算器、控制器以及若干寄存器等部件。

(2) 内部数据存储器 (RAM)

MCS-51 单片机芯片共有 256 个 RAM 单元，其中后 128 单元被专用寄存器占用，能作为寄存器供用户使用的只是前 128 单元，用于存放可读写的数据，因此通常所说的内部数据存储器就是指前 128 单元，简称内部 RAM，地址范围为 00H～FFH（256B）。它是一个多用多功能数据存储器，有数据存储、通用工作寄存器、堆栈、位地址等空间。

(3) 内部程序存储器 (ROM)

MCS-51 内有 4KB/8KB 字节的 ROM（51 系列为 4KB，52 系列为 8KB），用于存放

程序、原始数据或表格，因此称之为程序存储器，简称内部 RAM。地址范围为 0000H～FFFFH（64KB）。

（4）定时器/计数器

51 系列共有 2 个 16 位的定时器/计数器（52 系列共有 3 个 16 位的定时器/计数器），以实现定时或计数功能，并以其定时或计数结果对计算机进行控制。定时靠内部分频时钟频率计数实现，作计数器时，对 P3.4（T0）或 P3.5（T1）端口的低电平脉冲计数。

（5）并行 I/O 口

MCS-51 共有 4 个 8 位的 I/O 口（P0、P1、P2、P3），用以实现数据的输入输出。具体功能将会在后面章节中详细论述。

（6）串行口

MCS-51 有一个可编程的全双工的串行口，以实现单片机和其他设备之间的串行数据传送。该串行口功能较强，既可作为全双工异步通信收发器使用，也可作为移位器使用。RXD（P3.0）脚为接收端口，TXD（P3.1）脚为发送端口。

（7）中断控制系统

MCS-51 单片机的中断功能较强，以满足不同控制应用的需要。51 系列有 5 个中断源（52 系列有 6 个中断源），即外中断 2 个，定时中断 2 个，串行中断 1 个。全部中断分为高级和低级共两个优先级别，优先级别的设置将在后面进行详细的讲解。

（8）定时与控制部件

MCS-51 单片机内部有一个高增益的反相放大器，其输入端为 XTAL1，输出端为 XTAL2。MCS-51 芯片的内部有时钟电路，但石英晶体和微调电容需外接。时钟电路为单片机产生时钟脉冲序列。

图 2-1 为 MCS-51 单片机的结构框图。

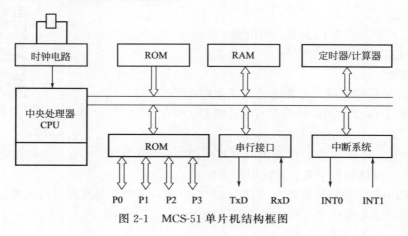

图 2-1　MCS-51 单片机结构框图

2.1.2　单片机的引脚及其功能

MCS-51 是标准的 40 引脚双列直插式集成电路芯片，其引脚分布如图 2-2 所示。

① P0.0～P0.7：P0 口 8 位双向口线（在引脚的 39～32 号端子）。

② P1.0～P1.7：P1 口 8 位双向口线（在引脚的 1～8 号端子）。

③ P2.0～P2.7：P2 口 8 位双向口线（在引脚的 21～28 号端子）。

④ P3.0～P3.7：P2 口 8 位双向口线（在引脚的 10～17 号端子）。

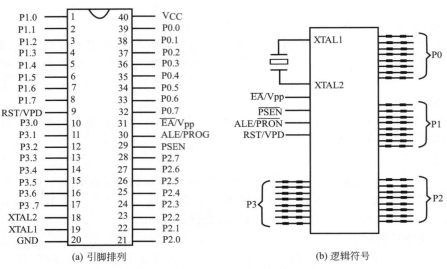

(a) 引脚排列　　　　　　(b) 逻辑符号

图 2-2　MCS-51 引脚及逻辑符号图

(1) P0 口

有 3 个功能：

① 外部扩展存储器时，当作数据总线（如图 2-2 中的 D0～D7 为数据总线接口）；

② 外部扩展存储器时，当作地址总线（如图 2-2 中的 A0～A7 为地址总线接口）；

③ 不扩展时，可作一般的 I/O 使用，但内部无上拉电阻，作为输入或输出时，应在外部接上拉电阻。

(2) P1 口

只作 I/O 口使用，其内部有上拉电阻。

(3) P2 口

有两个功能：

① 扩展外部存储器时，当作地址总线使用；

② 作一般 I/O 口使用，其内部有上拉电阻。

P1 口输入，输出实验

(4) P3 口

有两个功能：除了作为 I/O 使用外（其内部有上拉电阻），还有一些特殊功能，由特殊寄存器来设置，具体功能参考后面的引脚说明。

有内部 EPROM 的单片机芯片（例如 8751），为写入程序需提供专门的编程脉冲和编程电源，这些信号也是由信号引脚的形式提供的，即：

编程脉冲　30 脚（ALE/PROG）；

编程电压（25V）　31 脚（EA/Vpp）。

有些印刷线路板上会有一个电池，这就是单片机的备用电源。当外接电源下降到下限值时，备用电源就会经第二功能的方式由第 9 脚（即 RST/VPD）引入，以保护内部 RAM 中的信息不会丢失。

(5) 上拉电阻

上拉电阻就是当作为输入时，上拉电阻将其电位拉高。若输入为低电平，则可提供电流源。所以如果 P0 口作为输入时处在高阻抗状态，只有外接一个上拉电阻才能有效。

（6）ALE/PROG 地址锁存控制信号

在系统扩展时，ALE 用于控制把 P0 口的输出低 8 位地址送锁存器锁存起来，以实现低位地址和数据的隔离。ALE 有可能是高电平，也有可能是低电平。当 ALE 是高电平时，允许地址锁存信号，当访问外部存储器时，ALE 信号负跳变（即由正变负），将 P0 口上低 8 位地址信号送入锁存器。当 ALE 是低电平时，P0 口上的内容和锁存器输出一致。

在没有访问外部存储器期间，ALE 以 1/6 振荡周期频率输出（即 6 分频）；当访问外部存储器时，以 1/12 振荡周期输出（12 分频）。可以看到，当系统没有进行扩展时，ALE 会以 1/6 振荡周期的固定频率输出，因此可以作为外部时钟，或者外部定时脉冲使用。

PORG 为编程脉冲的输入端。在 8051 单片机内部有一个 4KB 或 8KB 的程序存储器（ROM）。ROM 的作用是用来存放用户需要执行的程序的，程序通过编程脉冲输入才能写进去，这个脉冲的输入端口就是 PROG。

（7）PSEN 外部程序存储器读选通信号

在读外部 ROM 时 PSEN 低电平有效，以实现外部 ROM 单元的读操作。

① 内部 ROM 读取时，PSEN 不动作。

② 外部 ROM 读取时，在每个机器周期会动作两次。

③ 外部 RAM 读取时，两个 PSEN 脉冲被跳过，不会输出。

④ 外接 ROM 时，与 ROM 的 OE 脚相接。

（8）EA /V_{PP} 访问程序存储器控制信号

① 接高电平时，CPU 读取内部程序存储器（ROM），扩展外部 ROM。当读取内部程序存储器超过 0FFFH（8051）、1FFFH（8052）时，自动读取外部 ROM。

② 接低电平时，CPU 读取外部程序存储器（ROM）。8031 单片机内部是没有 ROM 的，那么在应用 8031 单片机时，这个脚是一直接低电平的。

③ 8751 烧写内部 EPROM 时，利用此脚输入 21V 的烧写电压。

（9）RST 复位信号

当输入的信号连续两个机器周期以上高电平时即为有效，用以完成单片机的复位初始化操作。复位后，程序计数器 PC＝0000H，即复位后将从程序存储器的 0000H 单元读取第一条指令码。

（10）XTAL1 和 XTAL2

外接晶振引脚。当使用芯片内部时钟时，此两引脚用于外接石英晶体和微调电容。当使用外部时钟时，用于接外部时钟脉冲信号。

2.1.3　MCS-51 单片机的存储器

（1）片内存储器

片内存储器 1.2.1 节已有介绍。图 2-3 为存储器结构图。

（2）程序存储器

一个微处理器能够聪明地执行某种任务，除了它们强大的硬件外，还需要运行软件。其实微处理器并不聪明，它们只是完全按照人们预先编写的程序执行任务。设计人员编写的程序就存放在微处理器的程序存储器中，俗称只读程序存储器（ROM）。程序相当于给微处理器处理问题的一系列命令。其实程序和数据一样，都是由机器码组成的代码串，只是程序代码存放于程序存储器中。

MCS-51 具有 64KB 程序存储器寻址空间，用于存放用户程序、数据和表格等信息。对于内部无 ROM 的 8031 单片机，它的程序存储器必须外接，空间地址为 64KB，此时单片

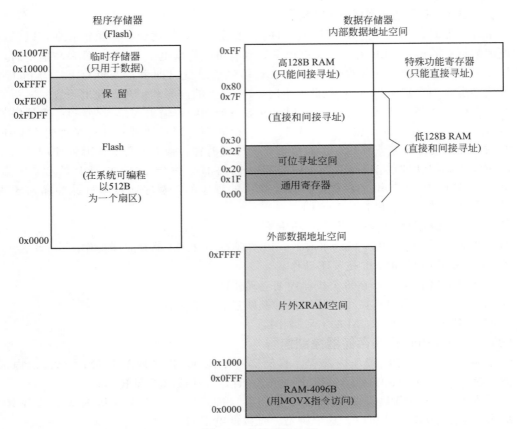

图 2-3   存储器结构图

机的$\overline{EA}$端必须接地，强制 CPU 从外部程序存储器读取程序。对于内部有 ROM 的 8051 等
单片机，正常运行时需接高电平，使 CPU 先从内部的程序存储中读取程序，当 PC 值超过
内部 ROM 的容量时，才会转向外部的程序存储器读取程序。

当$\overline{EA}=1$时，程序从片内 ROM 开始执行。当 PC 值超过片内 ROM 容量时，会自动转
向外部 ROM 空间。

当$\overline{EA}=0$时，程序从外部存储器开始执行。例如前面提到的片内无 ROM 的 8031 单片
机，在实际应用中就要把 8031 的$\overline{EA}$引脚接为低电平。

8051 片内有 4KB 的程序存储单元，其地址为 0000H～0FFFH。单片机启动复位后，程
序计数器的内容为 0000H，所以系统将从 0000H 单元开始执行程序。但在程序存储中有些
特殊的单元，在使用中应加以注意。

其中一组特殊单元是 0000H～0002H。系统复位后，PC 为 0000H，单片机从 0000H 单
元开始执行程序，如果程序不是从 0000H 单元开始，则应在这 3 个单元中存放一条无条件
转移指令，让 CPU 直接去执行用户指定的程序。

另一组特殊单元是 0003H～002AH。这 40 个单元各有用途，它们被均匀地分为 5 段，
定义如下：

0003H～000AH 外部中断 0 中断地址区；

000BH～0012H 定时/计数器 0 中断地址区；

0013H～001AH 外部中断 1 中断地址区；

001BH～0022H 定时/计数器 1 中断地址区;

0023H～002AH 串行中断地址区。

可见，以上的 40 个单元是专门用于存放中断处理程序的地址单元，中断响应后，按中断的类型自动转到各自的中断区去执行程序。每个中断服务程序只有 8 个字节单元，用 8 个字节来存放一个中断服务程序显然是不可能的，因此，以上地址单元不能用于存放程序的其他内容，只能存放中断服务程序。但通常情况下，是在中断响应的地址区安放一条无条件转移指令，指向程序存储器的其他真正存放中断服务程序的空间去执行，这样中断响应后，CPU 读到这条转移指令，便转向其他地方去继续执行中断服务程序。

图 2-4 是 ROM 的地址分配图。

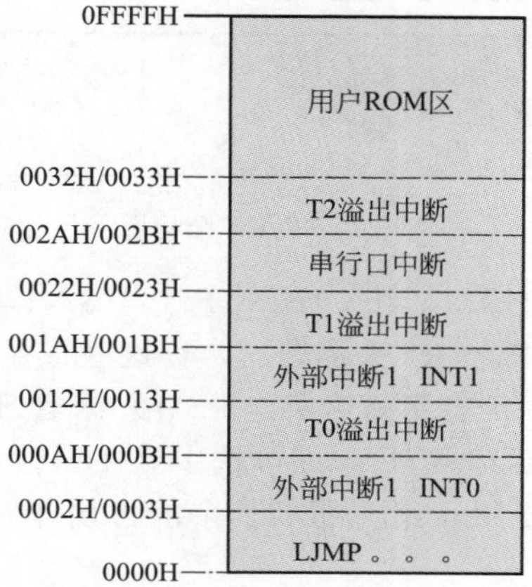

0FFFFH ─

用户ROM区

0032H/0033H ─

T2溢出中断

002AH/002BH ─

串行口中断

0022H/0023H ─

T1溢出中断

001AH/001BH ─

外部中断1 INT1

0012H/0013H ─

T0溢出中断

000AH/000BH ─

外部中断1 INT0

0002H/0003H ─

LJMP . . .

0000H ─

图 2-4 ROM 结构图

从图中可以看到，0000H～0002H 只有 3 个存储单元，3 个存储单元在程序存放时是存放不了实际意义的程序的。通常在实际编写程序时是在这里安排一条 ORG 指令，通过 ORG 指令跳转到从 0033H 开始的用户 ROM 区域，再来安排程序语言。从 0033 开始的用户 ROM 区域，用户可以通过 ORG 指令任意安排，但在应用中应注意，不要超过实际的存储空间，不然程序就会找不到。

(3) 数据存储器

数据存储器也称为随机存取数据存储器。数据存储器分为内部数据存储和外部数据存储。MCS-51 内部 RAM 有 128B 或 256B 的用户数据存储（不同的型号有分别），片外最多可扩展 64KB 的 RAM，构成两个地址空间。访问片内 RAM 用 "MOV" 指令，访问片外 RAM 用 "MOVX" 指令，它们是用于存放执行的中间结果和过程数据的。MCS-51 的数据存储器均可读写，部分单元还可以位寻址。

MCS-51 单片机的内部数据存储器在物理上和逻辑上都分为两个地址空间，即数据存储器空间（低 128 单元）和特殊功能寄存器空间（高 128 单元）。

这两个空间是相连的，从用户角度而言，低 128 单元才是真正的数据存储器。

低 128 单元中片内数据存储器为 8 位地址，所以最大可寻址的范围为 256 个单元地址，对片外数据存储器采用间接寻址方式，R0、R1 和 DPTR 都可以作为间接寻址寄存器。R0、R1 是 8 位的寄存器，即 R0、R1 的寻址范围最大为 256 个单元，而 DPTR 是 16 位地址指针，寻址范围就可达到 64KB。也就是说在寻址片外数据存储器时，寻址范围超过了 256B，就不能用 R0、R1 作为间接寻址寄存器，而必须用 DPTR 寄存器作为间接寻址寄存器。

8051 单片机片内 RAM 共有 256 个单元（00H～FFH），这 256 个单元共分为两部分：地址 00H～7FH 单元（共 128 个字节）为用户数据 RAM，80H～FFH 地址单元（也是 128 个字节）为特殊寄存器（SFR）单元。从图 2-5 中可清楚地看出它们的结构分布。

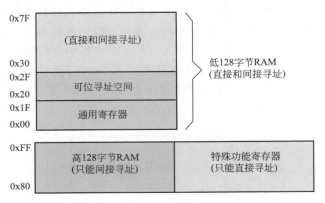

图 2-5　RAM 结构图

① 通用寄存器区（00H～1FH）。在 00H～1FH 共 32 个单元中被均匀地分为 4 块，每块包含 8 个 8 位寄存器，均以 R0～R7 来命名，常称这些寄存器为通用寄存器。这 4 块中的寄存器都称为 R0～R7，用程序状态字寄存器（PSW）来管理它们，CPU 只要定义这个寄存的 PSW 的 D3 和 D4 位（RS0 和 RS1），即可选中这 4 组通用寄存器。对应的编码关系如表 2-1 所示。若程序中并不需要用 4 组，那么其余的可用作一般的数据缓冲器，CPU 在复位后选中第 0 组工作寄存器。

表 2-1　通用寄存器编码关系表

组	RS1	RS0	R0	R1	R2	R3	R4	R5	R6	R7
0	0	0	00H	01H	02H	03H	04H	05H	06H	07H
1	0	1	08H	09H	0AH	0BH	0CH	0DH	0EH	0FH
2	1	0	10H	11H	12H	13H	14H	15H	16H	17H
3	1	1	18H	19H	1AH	1BH	1CH	1DH	1EH	1FH

② 位寻址区（20H～2FH）。片内 RAM 的 20H～2FH 单元为位寻址区，既可作为一般单元用字节寻址，也可对它们的位进行寻址。位寻址区共有 16 个字节、128 个位，位地址为 00H～7FH。位地址分配如表 2-2 所示。

CPU 能直接寻址这些位，执行例如置"1"、清"0"、求"反"、转移、传送和逻辑等操作。常称 MCS-51 具有布尔处理功能，布尔处理的存储空间指的就是这些位寻址区。

③ 用户 RAM 区（30H～7FH）。在片内 RAM 低 128 单元中，如图 2-5 所示，通用寄存器占去 32 个单元，位寻址区占去 16 个单元，剩下的 80 个单元就是供用户使用的一般 RAM 区了，地址单元为 30H～7FH。对这部分区域的使用不做任何规定和限制，但应说明的是，堆栈一般开辟在这个区域。

④ 特殊功能寄存器区（80H～FFH）。在片内的 RAM 中，高 128 位是专用寄存器区，其功能如表 2-3 所示。

• ACC——累加器，通常用 A 表示。它是一个寄存器，而不是一个做加法的东西。所有运算类指令都离不开它。自身带有全零标志 Z，若 $A=0$，则 $Z=1$；若 $A\neq0$，则 $Z=0$。该标志常用作程序分枝转移的判断条件。

表 2-2　RAM 位寻址区地址表

单元地址	MSB			位地址				LSB
2FH	7FH	7EH	7DH	7CH	7BH	7AH	79H	78H
2EH	77H	76H	75H	74H	73H	72H	71H	70H
2DH	6FH	6EH	6DH	6CH	6BH	6AH	69H	68H
2CH	67H	66H	65H	64H	63H	62H	61H	60H
2BH	5FH	5EH	5DH	5CH	5BH	5AH	59H	58H
2AH	57H	56H	55H	54H	53H	52H	51H	50H
29H	4FH	4EH	4DH	4CH	4BH	4AH	49H	48H
28H	47H	46H	45H	44H	43H	42H	41H	40H
27H	3FH	3EH	3DH	3CH	3BH	3AH	39H	38H
26H	37H	36H	35H	34H	33H	32H	31H	30H
25H	2FH	2EH	2DH	2CH	2BH	2AH	29H	28H
24H	27H	26H	25H	24H	23H	22H	21H	20H
23H	1FH	1EH	1DH	1CH	1BH	1AH	19H	18H
22H	17H	16H	15H	14H	13H	12H	11H	10H
21H	0FH	0EH	0DH	0CH	0BH	0AH	09H	08H
20H	07H	06H	05H	04H	03H	02H	01H	00H

表 2-3　特殊功能寄存器介绍

符　号	地　址	功能介绍
B	F0H	B 寄存器
ACC	E0H	累加器
PSW	D0H	程序状态字
IP	B8H	中断优先级控制寄存器
P3	B0H	P3 口锁存器
IE	A8H	中断允许控制寄存器
P2	A0H	P2 口锁存器
SSUF	99H	串行口锁存器
SCON	98H	串行口控制寄存器
P1	90H	P1 口锁存器
TH1	8DH	定时器/计数器1(高 8 位)
TH0	8CH	定时器/计数器1(低 8 位)
TL1	8BH	定时器/计数器0(高 8 位)
TL0	8AH	定时器/计数器0(低 8 位)
TMOD	89H	定时器/计数器方式控制寄存器
TCON	88H	定时器/计数器控制寄存器
DPH	83H	数据地址指针(高 8 位)
DPL	82H	数据地址指针(低 8 位)
SP	81H	堆栈指针
P0	80H	P0 口锁存器
PCON	87H	电源控制寄存器

- B——一个寄存器。在做乘、除法时存放乘数或除数，不做乘、除法时，可任意使用。
- PSW——程序状态字。这是一个很重要的东西，里面放了CPU工作时的很多状态，借此，可以了解CPU的当前状态，并做出相应的处理。它的各位功能见表2-4。

表2-4　程序状态字对应表

D7	D6	D5	D4	D3	D2	D1	D0
CY	AC	F0	RS1	RS0	OV		P

下面逐一介绍各程序状态字的用途。

CY　进位标志。8051中的运算器是一种8位的运算器，8位运算器只能表示到0~255，如果做加法，两数相加可能会超过255，这样最高位就会丢失，造成运算的错误。最高位就是用来存放进位和借位的。有进、借位，CY＝1；无进、借位，CY＝0。

例：78H＋97H（01111000＋10010111）。

$$\begin{array}{r} 01111000 \\ +\,10010111 \\ \hline 100001111 \end{array}$$ （有进位，CY＝1）

AC　辅助进、借位（高半字节与低半字节间的进、借位）。

例：57H＋3AH（01010111＋00111010）。

$$\begin{array}{r} 01010111 \\ +\,00111010 \\ \hline 10010001 \end{array}$$ （位4向位5有进位，AC＝1）

F0　用户标志位，由用户（编程人员）决定什么时候用，什么时候不用。

RS1、RS0　工作寄存器组选择位。

OV　溢出标志位。运算结果按补码运算理解。有溢出，OV＝1；无溢出，OV＝0。溢出的概念后面的章节会讲到。

P　奇偶校验位。它用来表示ALU运算结果中二进制数位"1"的个数的奇偶性。若为奇数，则P＝1，否则为0。运算结果有奇数个1，P＝1；运算结果有偶数个1，P＝0。

例：某运算结果是78H（01111000），显然1的个数为偶数，所以P＝0。

- DPTR（DPH、DPL）——数据指针，可以用它来访问外部数据存储器中的任一单元，如果不用，也可以作为通用寄存器来用。DPTR分成DPL（低8位）和DPH（高8位）两个寄存器，用来存放16位地址值，以便用间接寻址或变址寻址的方式对片外数据RAM或程序存储器做64KB范围内的数据操作。
- P0、P1、P2、P3——4个并行I/O口的寄存器。它里面的内容对应着引脚的输出。
- IE——中断允许寄存器。按位寻址，地址A8H，参见表2-5。

表2-5　IE寄存器

B7	B6	B5	B4	B3	B2	B1	B0
EA	—	ET2	ES	ET1	EX1	ET0	EX0

EA（IE.7）：EA＝0时，所有中断禁止（即不产生中断）；
　　　　　　EA＝1时，各中断的产生由个别的允许位决定。
（IE.6）：保留。
ET2（IE.5）：定时器2溢出中断允许（8052用）。

ES（IE.4）：串行口中断允许（ES＝1允许，ES＝0禁止）。

ET1（IE.3）：定时器1中断允许。

EX1（IE.2）：外中断INT1中断允许。

ET0（IE.1）：定时器0中断允许。

EX0（IE.0）：外部中断INT0的中断允许。

- IP——中断优先级控制寄存器。按位寻址，地址B8H，参见表2-6。

表2-6　IP寄存器

B7	B6	B5	B4	B3	B2	B1	B0
—	—	PT2	PS	PT1	PX1	PT0	PX0

（IP.7）：保留。

（IP.6）：保留。

PT2（IP.5）：定时器2中断优先（8052用）。

PS（IP.4）：串行口中断优先。

PT1（IP.3）：定时器1中断优先。

PX1（IP.2）：外中断INT1中断优先。

PT0（IP.1）：定时器0中断优先。

PX0（IP.0）：外部中断INT0的中断优先。

- TMOD——定时器控制寄存器。不按位寻址，地址89H，参见表2-7。

表2-7　TMOD寄存器

B7	B6	B5	B4	B3	B2	B1	B0
GATE	C/T	M1	M0	GATE	C/T	M1	M

GATE　定时操作开关控制位。当GATE＝1时，INT0或INT1引脚为高电平，同时TCON中的TR0或TR1控制位为1时，计时器/计数器0或1才开始工作；当GATE＝0时，则只要将TR0或TR1控制位设为1，计时器/计数器0或1就开始工作。

C/T　定时器或计数器功能的选择位。C/T＝1为计数器，通过外部引脚T0或T1输入计数脉冲；C/T＝0时为定时器，由内部系统时钟提供计时工作脉冲。

M1　模式选择位高位。

M0　模式选择位低位。

M0和M1工作模式如表2-8所示。

表2-8　TMOD工作模式选择

M1	M0	工作模式
0	0	13位计数/计时器
0	1	16位计数/计时器
1	0	8位自动加载计数/计时器
1	1	定时器1停止工作,定时器0分为两个独立的8位定时器TH0及TL0

- TCON——定时器控制寄存器。按位寻址，地址88H，参见表2-9。

表2-9　TCON寄存器

B7	B6	B5	B4	B3	B2	B1	B0
TF1	TR1	TF0	TR0	IE1	IT1	IE0	IT0

• SP——堆栈指针。日常生活中有这样的现象：家里洗的碗，一只一只摞起来，最晚放上去的放在最上面，而最早放上去的则放在最下面，在取的时候正好相反，先从最上面取。这种现象用一句话来概括："先进后出，后进先出"。这实际是一种存取物品的规则，称之为"堆栈"。在单片机中，也可以在 RAM 中构造这样一个区域，用来存放数据，这个区域存放数据的规则就是"先进后出，后进先出"，也称之为"堆栈"。

8031 单片机共有 21 个字节的特殊功能寄存器（SFR），起着专用寄存器的作用，用来设置片内电路的运行方式，记录电路的运行状态，并标明有关标志等。此外，特殊功能寄存器中还有把并行和串行 I/O 端口映射过来的寄存器，对这些寄存器的读写，可实现从相应 I/O 端口的输入、输出操作。

21 个特殊功能寄存器不连续地分布在 128 个字节的 SFR 存储空间中，地址空间为 80H～FFH，见图 2-6。在这片 SFR 空间中，包含有 128 个位地址空间，地址也是 80H～FFH，但只有 83 个有效位地址，可对 11 个特殊功能寄存器的某些位作位寻址操作。

	0(8)	1(9)	2(A)	3(B)	4(C)	5(D)	6(E)	7(F)
F8	SPI0CN	PCA0H	PCA0CPH0	PCA0CPH1	PCA0CPH2	PCA0CPH3	PCA0CPH4	WDTCN
F0	B	SCON1	SBUF1	SADDR1	TL4	TH4	EIP1	EIP2
E8	ADC0CN	PCA0L	PCA0CPL0	PCA0CPL1	PCA0CPL2	PCA0CPL3	PCA0CPL4	RSTSRC
E0	ACC	XBR0	XBR1	XBR2	PCAP4L	PCAP4H	EIE1	EIE2
D8	PCA0CN	PCA0MD	PCA0CPM0	PCA0CPM1	PCA0CPM2	PCA0CPM3	PCA0CPM4	
D0	PSW	REF0CN	DAC0L	DAC0H	DAC0CN	DAC1L	DAC1H	DAC1CN
C8	T2CON	T4CON	RCAP2L	RCAP2H	TL2	TH2		SMB0CR
C0	SMB0CN	SMB0STA	SMB0DAT	SMB0ADR	ADC0GTL	ADC0GTH	ADC0LTL	ADC0LTH
B8	IP	SADEN0	AMX0CF	AMX0SL	ADC0CF	P1MDIN	ADC0L	ADC0H
B0	P3	OSCXCN	OSCICN			P74OUT†	FLSCL	FLACL
A8	IE	SADDR0	ADC1CN	ADC1CF	AMX1SL	P3IF		EMI0CN
A0	P2	EMI0TC		EMI0CF	P0MDOUT	P1MDOUT	P2MDOUT	P3MDOUT
98	SCON	SBUF0	SPI0CFG	SPI0DAT	ADC1	SPI0CKR	CPT0CN	CPT1CN
90	P1	TMR3CN	TMR3RLL	TMR3RLH	TMR3L	TMR3H	P7†	
88	TCON	TMOD	TL0	TL1	TH0	TH1	CKCON	PSCTL
80	P0	SP	DPL	DPH	P4†	P5†	P6†	PCON

可位寻址

图 2-6 特殊功能寄存器

2.2 CIP-51 单片机基本功能介绍

标准 8051 单片机由 8 部分组成，它们是微处理器、数据存储器、4 个 I/O 口、程序存储器、串行口、定时器/计数器、中断系统、特殊功能寄存器，由单一总线控制完成工作。

MCU 系统控制器的内核是 CIP-51 微控制器。CIP-51 与 MCS-51TM 指令集完全兼容，可以使用标准 803x/805x 的汇编器和编译器进行软件开发。该系列 MCU 具有标准 8051 的所有外设部件，包括 5 个 16 位的计数器/定时器（详见学习情境六）、2 个全双工 UART（详见学习情境九）、256B 内部 RAM、128B 特殊功能寄存器（SFR）地址空间及 8/4 个 8 位宽的 I/O 端口。

单片机开发综合
实验装置介绍

CIP-51 还包含片内调试硬件和与 MCU 直接接口的模拟和数字子系统，在一个集成电路内提供了完整的数据采集或控制系统解决方案。

CIP-51 微控制器内核除了具有标准 8051 的组织结构和外设以外，另有增加的定制外设和功能，大大增强了它的处理能力，见图 2-7 的原理框图。

CIP-51 具有下列特点：

① 与 MCS-51 指令集完全兼容——扩展的中断处理系统；

② 在 25MHz 时钟时最大速度为 25MIPS——复位输入；

③ 0～25MHz 的时钟频率——电源管理方式；

④ 256B 内部 RAM——片内调试逻辑；

⑤ 8/4 个 8 位 I/O 端口——程序和数据存储器安全。

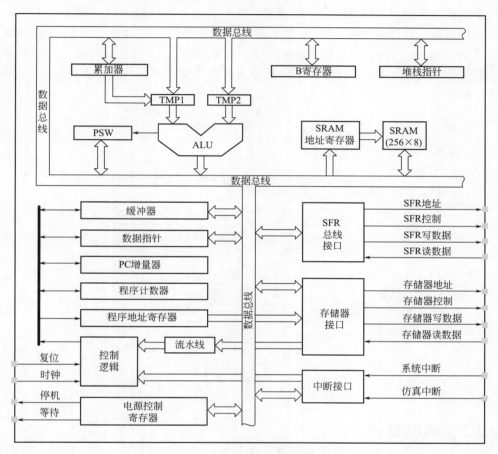

图 2-7 CIP-51 原理框图

2.3 单片机复位

复位电路允许将控制器置于一个预定的缺省状态。在进入复位状态时，将发生以下过程：

① CIP-51 停止程序执行；

② 特殊功能寄存器（SFR）被初始化为所定义的复位值；

③ 外部端口引脚被置于一个已知状态；

④ 中断和定时器被禁止。

所有 SFR 都被初始化为预定值，SFR 中各位的复位值在 SFR 的详细说明中定义。在复位期间内部数据存储器的内容不发生改变，复位前存储的数据保持不变。但由于堆栈指针 SFR 被复位，堆栈实际上已丢失，尽管堆栈中的数据未发生变化。

I/O 端口锁存器的复位值为 0xFF（全部为逻辑"1"），内部弱上拉有效，使外部 I/O 引脚处于高电平状态。外部 I/O 引脚并不立即进入高电平状态，而是在进入复位状态后的 4

个系统时钟之内。

注意　在复位期间弱上拉是被禁止的，在器件退出复位状态时弱上拉被使能，这就使得在器件保持在复位状态期间可以节省功耗。对于 V_{DD} 监视器复位，$\overline{RST}$ 引脚被驱动为低电平，直到 V_{DD} 复位超时结束。

在退出复位状态时，程序计数器（PC）被复位，MCU 使用内部振荡器运行在 2MHz 作为默认的系统时钟。看门狗定时器被使能，使用其最长的超时时间（见 2.3.8 节）。一旦系统时钟源稳定，程序从地址 0x0000 开始执行。

有 7 个能使 MCU 进入复位状态的复位源：通电/断电、外部 $\overline{RST}$ 引脚、外部 CNVSTR 信号、软件命令、比较器 0、时钟丢失检测器及看门狗定时器，见图 2-8。下面将对每个复位源进行说明。

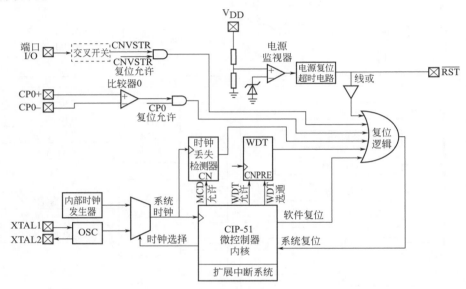

图 2-8　复位源框图

2.3.1　通电复位

C8051F020/1/2/3 有一个电源监视器，在上电期间该监视器使 MCU 保持在复位状态，直到 V_{DD} 上升到超过 V_{RST} 电平，见图 2-9 的时序图。$\overline{RST}$ 引脚一直被置为低电平，直到 100ms 的 V_{DD} 监视器超时时间结束，这 100ms 的等待时间是为了使 V_{DD} 电源稳定。

在退出上电复位状态时，PORSF 标志（RSTSRC.1）被硬件置为逻辑"1"，RSTSRC 寄存器中的其他复位标志是不确定的。PORSF 被任何其他复位清 0。由于所有的复位都导致程序从同一个地址（0x0000）开始执行，软件可以通过读 PORSF 标志来确定是否为上电导致的复位。在一次上电复位后，内部数据存储器中的内容应被认为是不确定的。

通过将 MONEN 引脚直接连 V_{DD} 来使能 V_{DD} 监视器。这是 MONEN 引脚的推荐配置。

2.3.2　断电复位

当发生掉电或因电源不稳定而导致 V_{DD} 下降到低于 V_{RST} 电平时，电源监视器将 $\overline{RST}$ 引脚置于低电平并使 CIP-51 回到复位状态。当 V_{DD} 回升到超过 V_{RST} 电平时，CIP-51 将离开复位状态，过程与上电复位相同。

注意 即使内部数据存储器的内容未因掉电复位而发生变化，也无法确定 V_{DD} 是否下降到维持数据有效所需的电压以下。如果 PORSF 标志被置"1"，则数据可能不再有效。

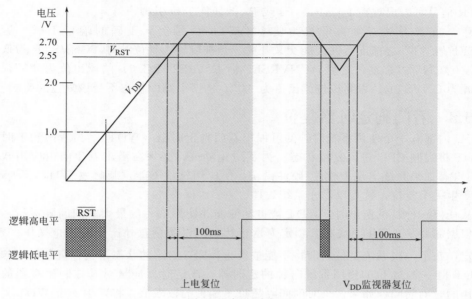

图 2-9 复位时序图

2.3.3 外部复位

外部 $\overline{RST}$ 引脚提供了使用外部电路强制 MCU 进入复位状态的手段。在 $\overline{RST}$ 引脚上加一个低电平有效信号，将导致 MCU 进入复位状态。最好能提供一个外部上拉和/或对 $\overline{RST}$ 引脚去耦以防止强噪声引起复位。在低有效的 $\overline{RST}$ 信号撤出后，MCU 将保持在复位状态至 12 个时钟周期。从外部复位状态退出后，PINRSF 标志（RSTSRC.0）被置位。

2.3.4 软件强制复位

向 SWRSEF 位写 1，将强制产生一个上电复位，如 2.3.1 节所述。

2.3.5 时钟丢失检测器复位

时钟丢失检测器实际上是由 MCU 系统时钟触发的单稳态电路。如果未收到系统时钟的时间大于 $100\mu s$，单稳态电路将超时并产生一个复位。在发生时钟丢失检测器复位后，MCDRSF 标志（RSTSRC.2）将被置"1"，表示本次复位源为 MSD；否则该位被清"0"。$\overline{RST}$ 引脚的状态不受该复位的影响。把 OSCIN 寄存器中的 MSCLKE 位置"1"，将使能时钟丢失检测器。

2.3.6 比较器 0 复位

向 CORSEF 标志（RSTSRC.5）写"1"，可以将比较器 0 配置为复位源。应在写 CORSEF 之前用 CPTOCN.7 使能比较器 0，以防止通电瞬间在输出端产生抖动，从而产生不希望的复位。比较器 0 复位是低电平有效：如果同相端输入电压（CP0＋引脚）小于反相端输入电压（CP0－引脚），则 MCU 被置于复位状态。在发生比较器 0 复位之后，CORSEF 标志（RSTSRC.5）的读出值为"1"，表示本次复位源为比较器 0；否则该位被清"0"。$\overline{RST}$ 引脚的状态不受该复位的影响。

2.3.7　外部 CNVSTR 引脚复位

向 CNVRSEF 标志（RSTSRC.6）写 "1"，可以将外部 CNVSTR 信号配置为复位源。CNVSTR 信号可以出现在 P0、P1、P2 或 P3 的任何 I/O 引脚。

注意　交叉开关必须被配置为使 CNVSTR 信号接到正确的端口 I/O。应该在将 CNVRSEF 置 "1" 之前配置并使能交叉开关。当被配置为复位源时，CNVSTR 为低电平有效。在发生 CNVSTR 复位之后，CNVRSEF 标志（RSTSRC.6）的读出值为 "1"，表示本次复位源为 CNVSTR；否则该位读出值为 "0"。$\overline{RST}$引脚的状态不受该复位的影响。

2.3.8　看门狗定时器复位

MCU 内部有一个使用系统时钟的可编程看门狗定时器（WDT）。当看门狗定时器溢出时，WDT 将强制 CPU 进入复位状态。为了防止复位，必须在溢出发生前由应用软件重新触发 WDT。如果系统出现了软件/硬件错误，使应用软件不能重新触发 WDT，则 WDT 将溢出并产生一个复位，这可以防止系统失控。

在从任何一种复位退出时，WDT 被自动使能并使用缺省的最大时间间隔运行。系统软件可以根据需要禁止 WDT 或将其锁定为运行状态，以防止意外产生的禁止操作。WDT 一旦被锁定，在下一次系统复位之前将不能被禁止。$\overline{RST}$引脚的状态不受该复位的影响。

WDT 是一个 21 位的使用系统时钟的定时器。该定时器测量对其控制寄存器的两次特定写操作的时间间隔。如果这个时间间隔超过了编程的极限值，将产生一个 WDT 复位。可以根据需要用软件使能和禁止 WDT，或根据要求将其设置为永久性使能状态。看门狗的功能可以通过看门狗定时器控制寄存器（WDTCN）控制。

(1) 使能/复位 WDT

向 WDTCN 寄存器写入 0xA5，将使能并复位看门狗定时器。用户的应用软件应周期性地向 WDTCN 写入 0xA5，以防看门狗定时器溢出。每次系统复位都将使能并复位 WDT。

(2) 禁止 WDT

向 WDTCN 寄存器写入 0xDE 后再写入 0xAD，将禁止 WDT。下面的代码段说明禁止 WDT 的过程。

```
CLR     [WB]EA              ;禁止所有中断
MOV     WDTCN,  #0DEh       ;禁止软件看门狗定时器
MOV     WDTCN,  #0ADh
SETB    EA                  ;重新允许中断
```

写 0xDE 和写 0xAD 必须发生在 4 个时钟周期之内，否则禁止操作将被忽略。在这个过程期间应禁止中断，以避免两次写操作之间有延时。

(3) 禁止 WDT 锁定

向 WDTCN 写入 0xFF，将使禁止功能无效。一旦锁定，在下一次复位之前禁止操作将被忽略。写 0xFF 并不使能或复位看门狗定时器。如果应用程序想一直使用看门狗，则应在初始化代码中向 WDTCN 写入 0xFF。

(4) 设置 WDT 定时间隔

WDTCN.[2：0] 控制看门狗超时间隔。超时间隔由下式给出：

$$4^{3+\text{WDTCN}[2:0]} \times T_{\text{SYSCLK}} \quad （其中 T_{\text{SYSCLK}} 为系统时钟周期）$$

对于 2MHz 的系统时钟，超时间隔的范围是 0.032～524ms。在设置这个超时间隔时，WDTCN.7 必须为 0。读 WDTCN，将返回编程的超时间隔。在系统复位后，WDTCN.

〔2：0〕为111b。

思考题

1. 标准8051单片机主要由哪些部件组成？Cygnal系列单片机增加了哪些部件？

2. 什么是程序？程序存储在什么地方？如何运行？由什么部件控制运行？

3. 单片机通过什么与外部设备进行信息交换？如何控制外设工作？

4. Cygnal单片机的存储结构是如何分布的？

5. 程序存储器与数据存储器各有何特点？有何不同？

6. Cygnal单片机内部RAM有多少单元？

7. Cygnal单片机有几个复位源？各自的特点是什么？

8. 工作寄存器是指哪个寄存器单元区？

9. Cygnal单片机位寻址空间有多少？

10. Cygnal单片机共有多少特殊功能寄存器？

11. 程序的顺序执行是由哪个特殊功能寄存器实现的？

12. Cygnal单片机特殊功能寄存器只能采用哪种寻址方式？

学习情境 三

单片机指令系统

项目描述

编辑简单程序，利用算术类操作指令、循环移动数据指令、比较指令等实现在 CPU 干预下的 PWM 波输出，理论占空比 100％ 输出 10 个循环，然后占空比降低到 25％ 输出 10 个循环，并始终重复进行。

项目分析

掌握程序设计语言分类、汇编语言的特点、汇编指令分类和格式；详细了解寻址方式及指令功能。

知识点

① 算术计算指令格式与应用。
② 传送类指令特别是循环指令的格式与应用。
③ 控制及转移类指令。
④ PWM 波的概念及产生方式。
⑤ 占空比的概念及查询方式改变占空比的功能。

3.1 指令

所谓指令，就是规定计算机进行某种操作的命令。指令是控制计算机工作的命令，每种计算机所能执行的指令集合称之为该种计算机的指令系统。不同类型的单片机指令系统不同，不能通用，但由于 Cygnal 单片机与 MSC51 系列单片机有相同的内核，所以指令系统相同。

计算机按程序一条一条地依次执行指令，从而完成指定任务。一条指令只能完成有限的功能，为使计算机完成一定的或者复杂的功能，就需要一系列指令。一般来说，一台计算机的指令越丰富，寻址方式越多，且每条指令的执行速度越快，则它的总体功能就越强。

3.2 程序设计语言

(1) 机器语言指令（Machine language）

机器语言是计算机唯一能接受和执行的语言。机器语言由二进制码组成，每一串二进制码叫做一条指令。一条指令规定了计算机执行的一个动作。一台计算机所能懂得的指令的全体，叫做这个计算机的指令系统。不同型号的计算机的指令系统不同。

指令通常由几个字节组成，第一个字节是操作码，它规定了计算机要执行的基本操作；后面的字节是操作数，它规定了操作对象或操作对象的地址。

（2）汇编语言指令（Assember language）

机器指令能够直接被计算机硬件识别和执行，但不易理解和记忆，书写容易出错。为了容易为人们所理解，便于记忆和使用，常以指令的英文名称或缩写形式作为助记符表示指令的功能，这种指令称之为汇编语言指令。

（3）高级语言程序（High-level language）

机器语言和汇编语言都是面向机器的，高级语言是面向用户的。到了 20 世纪 50 年代中期，出现程序设计的高级语言，如 Fortran、Algol 60，以及后来的 PL/1、Pascal 等，算法的程序表达才产生一次大的飞跃。用高级语言编写的程序叫做高级语言源程序，必须翻译成机器语言目标程序才能被计算机执行。高级语言的翻译有编译方式和解释方式两种方式。

① 编译方式 先由编译程序把高级语言源程序翻译成目标程序，执行时运行目标程序。

② 解释方式 在运行高级语言源程序时，由解释程序对源程序边翻译边执行。

诚然，算法最终要表达为具体的计算机上的机器语言才能在该计算机上运行，得到所需要的结果。但汇编语言的实践启发人们，表达成机器语言不必一步到位，可以分两步走或者可以筑桥过河，即先表达成一种中介语言，然后转成机器语言。汇编语言作为一种中介语言，并没有获得很大成功，原因是它离算法语言太远。这便指引人们去设计一种尽量接近算法语言的规范语言，即所谓的高级语言，让程序员可以用它方便地表达算法，然后借助于规范的高级语言到规范的机器语言的"翻译"，最终将算法表达为机器语言。而且，由于高级语言和机器语言都具有规范性，这里的"翻译"完全可以机械化地由计算机来完成，就像汇编语言被翻译成机器语言一样，只要计算机配上一个编译程序。

3.3 Cygnal（80C51）单片机指令

Cygnal（80C51）单片机共有 111 条指令，这 111 条指令共有 7 种寻址方式。其中：数据传送类指令 29 条，算术运算类指令 24 条，逻辑运算及移位类指令 24 条，控制转移类指令 17 条，位操作指令 17 条。这 111 条指令的具体功能见表 3-1。

由于计算机只能识别二进制数，所以计算机的指令均由二进制代码组成。为了阅读和书写的方便，常把它写成十六进制形式，通常称这样的指令为机器指令。现在一般的计算机都有几十甚至几百种指令，显然即便用十六进制去书写和记忆也是不容易的。为了便于记忆和使用的方便，制造厂家对指令系统的每一条指令都给出了助记符。助记符是根据机器指令不同的功能和操作对象来描述指令的符号。由于助记符是用英文缩写来描述指令的特征，不但便于记忆，也便于理解和分类。这种用助记符形式来表示的机器指令称为汇编语言指令。

表 3-1 CIP-51 指令明细表

助记符	功能说明	字节数	时钟周期数
算术操作类指令			
ADD A，Rn	寄存器加到累加器	1	1
ADD A，direct	直接寻址字节加到累加器	2	2
ADD A，@Ri	间址 RAM 加到累加器	1	2
ADD A，#data	立即数加到累加器	2	2
ADDC A，Rn	寄存器加到累加器（带进位）	1	1

助记符	功能说明	字节数	时钟周期数
算术操作类指令			
ADDC A,direct	直接寻址字节加到累加器(带进位)	2	2
ADDC A,@Ri	间址 RAM 加到累加器(带进位)	1	2
ADDC A,#data	立即数加到累加器(带进位)	2	2
SUBB A,Rn	累加器减去寄存器(带借位)	1	1
SUBB A,direct	累加器减去间接寻址 RAM(带借位)	2	2
SUBB A,@Ri	累加器减去间址 RAM(带借位)	1	2
SUBB A,#data	累加器减去立即数(带借位)	2	2
INC A	累加器加 1	1	1
INC Rn	寄存器加 1	1	1
INC direct	直接寻址字节加 1	2	2
INC @Ri	间址 RAM 加 1	1	2
DEC A	累加器减 1	1	1
DEC Rn	寄存器减 1	1	1
DEC direct	直接寻址字节减 1	2	2
DEC @Ri	间址 RAM 减 1	1	2
INC DPTR	数据地址加 1	1	1
MUL AB	累加器和寄存器 B 相乘	1	4
DIV AB	累加器除以寄存器 B	1	8
DAA	累加器十进制调整	1	1
逻辑操作类指令			
ANL A,Rn	寄存器"与"到累加器	1	1
ANL A,direct	直接寻址字节"与"到累加器	2	2
ANL A,@Ri	间址 RAM"与"到累加器	1	2
ANL A,#data	立即数"与"到累加器	2	2
ANL direct,A	累加器"与"到直接寻址字节	2	2
ANL direct,#data	立即数"与"到直接寻址字节	3	3
ORL A,Rn	寄存器"或"到累加器	1	1
ORL A,direct	直接寻址字节"或"到累加器	2	2
ORL A,@Ri	间址 RAM"或"到累加器	1	2
ORL A,#data	立即数"或"到累加器	2	2
ORL direct,A	累加器"或"到直接寻址字节	2	2
ORL direct,#data	立即数"或"到直接寻址字节	3	3
XRL A,Rn	寄存器"异或"到累加器	1	1
XRL A,direct	直接寻址数"异或"到累加器	2	2
XRL A,@Ri	间址 RAM"异或"到累加器	1	2
XRL A,#data	立即数"异或"到累加器	2	2
XRL direct,A	累加器"异或"到直接寻址字节	2	2

续表

助记符	功能说明	字节数	时钟周期数
逻辑操作类指令			
XRL direct,#data	立即数"异或"到直接寻址字节	3	3
CLR A	累加器清零	1	1
CPL A	累加器求反	1	1
RL A	循环循环左移	1	1
RLC A	经过进位位的累加器循环左移	1	1
RR A	累加器循环右移	1	1
RRC A	经过进位位的累加器循环右移	1	1
SWAP A	累加器内高低半字节交换	1	1
数据传输类指令			
MOV A,Rn	寄存器传送到累加器 A	1	1
MOV A,direct	直接寻址字节传送到累加器	2	2
MOV A,@Ri	间址 RAM 传送到累加器	1	2
MOV A,#data	立即数传送到累加器	2	2
MOV Rn,A	累加器传送到寄存器	1	1
MOV Rn,direct	直接寻址字节传送到寄存器	2	2
MOV Rn,#data	立即数传送到寄存器	2	2
MOV direct,A	累加器传送到直接寻址字节	2	2
MOV direct,Rn	寄存器传送到直接寻址字节	2	2
MOV direct,direct	直接寻址字节传送到直接寻址字节	3	3
MOV direct,@Ri	间址 RAM 传送到直接寻址字节	2	2
MOV direct,#data	立即数传送到直接寻址字节	3	3
MOV @Ri,A	累加器传送到间址 RAM	1	2
MOV @Ri,direct	直接寻址数传送到间址 RAM	2	2
MOV @Ri,#data	立即数传送到间址 RAM	2	2
MOV DPTR,#data16	16 位常数装入数据指针	3	3
MOVC A,@A+DPTR	相对于 DPTR 的代码字节传送到累加器	1	3
MOVC A,@A+PC	相对于 PC 的代码字节传送到累加器	1	3
MOVX A,@Ri	外部 RAM(8 位地址)数传送到 A	1	3
MOVX @Ri,A	累加器传到外部 RAM(8 位地址)	1	3
MOVX A,@DPTR	外部 RAM(16 位地址)传送到 A	1	3
MOVX @DPTR,A	累加器传到外部 RAM(16 位地址)	1	3
PUSH direct	直接寻址字节压入栈顶	2	2
POP direct	栈顶数据弹出到直接寻址字节	2	2
XCH A,Rn	寄存器和累加器交换	1	1
XCH A,direct	直接寻址字节与累加器交换	2	2
XCH A,@Ri	间址 RAM 与累加器交换	1	2
XCHD A,@Ri	间址 RAM 和累加器交换低半字节	1	2

助记符	功能说明	字节数	时钟周期数
位操作类指令			
CLR C	清进位位	1	1
CLR bit	清直接寻址位	2	2
SETB C	进位位置1	1	1
SETB bit	直接寻址位置位	2	2
CPL C	进位位取反	1	1
CPL bit	直接寻址位取反	2	2
ANL C,bit	直接寻址位"与"到进位位	2	2
ANL C,/bit	直接寻址位的反码"与"到进位位	2	2
ORL C,bit	直接寻址位"或"到进位位	2	2
ORL C,/bit	直接寻址位的反码"或"到进位位	2	2
MOV C,bit	直接寻址位传送到进位位	2	2
MOV bit,C	进位位传送到直接寻址位	2	2
JC rel	若进位位为1则跳转	2	2/3
JNC rel	若进位位为0则跳转	2	2/3
JB bit,rel	若直接寻址位为1则跳转	3	3/4
JNB bit,rel	若直接寻址位为0则跳转	3	3/4
JBC bit,rel	若直接寻址位为1则跳转,并清除该位	3	3/4
控制转移类指令			
ACALL addr11	绝对调用子程序	2	3
LCALL addr16	长调用子程序	3	4
RET	从子程序返回	1	5
RETI	从中断返回	1	5
AJMP addr11	绝对转移	2	3
LJMP addr16	长转移	3	4
SJMP rel	短转移(相对偏移)	2	3
JMP @A+DPTR	相对DPTR的间接转移	1	3
JZ rel	累加器为0则转移	2	2/3
JNZ rel	累加器为非0则转移	2	2/3
CJNE A,direct,rel	比较直接寻址字节与A,不相等则转移	3	3/4
CJNE A,#data,rel	比较立即数与A,不相等则转移	3	3/4
CJNE Rn,#data,rel	比较立即数与寄存器,不相等则转移	3	3/4
CJNE @Ri,#data,rel	比较立即数与间接寻址RAM,不相等则转移	3	4/5
DJNZ Rn,rel	寄存器减1,不为零则转移	2	2/3
DJNZ direct,rel	直接寻址字节减1,不为零则转移	3	3/4
NOP	空操作	1	1

3.4 汇编语言的特点

① 助记符指令和机器指令一一对应，所以用汇编语言编写的程序效率高，占用存储空间小，运行速度快，因此汇编语言能编写出最优化的程序。

② 使用汇编语言编程比使用高级语言困难。因为汇编语言是面向计算机的，汇编语言的程序设计人员必须对计算机硬件有相当深入的了解。

③ 汇编语言能直接访问存储器及接口电路，也能处理中断，因此汇编语言程序能直接管理和控制硬件设备。

④ 汇编语言缺乏通用性，程序不易移植，各种计算机都有自己的汇编语言，不同计算机的汇编语言之间不能通用。

3.5 汇编指令的格式

(1) Cygnal 汇编语言的语句格式

［＜标号＞］：＜操作码＞ ［＜操作数＞］；［＜注释＞］

即一条汇编语句是由标号、操作码、操作数和注释 4 个部分所组成，其中方括号括起来的是可选择部分，可有可无，视需要而定。

指令通常两部分组成，即操作码和操作数。

操作码 是由助记符表示的字符串。操作码告诉人们这条指令是什么功能，是加？减？传送？还是控制？

操作数 是指参加操作的数据或者是数据地址。

注释 为了便于阅读程序，通常在指令的后面都会加上注释。

标号 用来表示子程序名称或程序执行条件跳转时的程序跳转地址，实际上是表示一个地址值。

在 80C51 指令系统中，操作数可以是 1 个、2 个、3 个，也可以没有。不同功能的指令，操作数作用也不同。例如，传送类指令多数有 2 个操作数，写在左面的称为目的操作数（表示操作结果存放的单元地址），写在右面的称为源操作数（指出操作数的来源）。

操作码与操作数之间必须用空格分开，操作数与操作数之间必须用逗号“，”分开。带方括号的项可有可无，称为可选项。

由指令格式可见，操作码是指令的核心，不可缺少。例如一条传送指令的书写格式为：

MOV A,3AH ；

它表示将 3AH 存储单元的内容送到累加器 A 中。

(2) 汇编指令的长度

所谓指令的长度，就是描述一条指令所需要的字节数，用一个字节能描述的指令叫 1 字节指令，同理，用两个字节描述的叫 2 字节指令，用三个字节描述的指令叫 3 字节指令。这里对 80C51 的 111 条指令进行了分类：1 字节指令共有 49 条，2 字节指令共有 45 条，3 字节指令共有 17 条。

哪条指令是 1 字节、2 字节或者 3 字节指令，在表 3-1 中可以查阅到。

注意 指令计数器 PC 是一个 16 位的计数器，那么这个指令计数器是怎样来计数的呢？是不是每执行一个字节，指令计数器 PC 就自动加 1？答案是“不是”。实际上，PC 始终是跟踪着指令的，并不是以字节数来相加。在存放程序的 ROM 中，是一个字节一个字节地向后执行，但程序计数器 PC 并不是每加一个字节就加 1，它是对特定的某一条指令执行完了之后，相应的程序计数器 PC 才加 1，那么这条指令可能是 1 个字节，也可能是 2 个或者 3 个字节。

3.6 指令系统符号的意义

表 3-2 是寄存器、操作数和寻址方式的说明。

表 3-2 寄存器、操作数和寻址方式说明

Rn——当前选择的寄存器区的寄存器 R0～R7

Ri——通过寄存器 R0～R1 间接寻址的数据 RAM 地址

rel——相对于下一条指令第一个字节的 8 位有符号(2 的补码)偏移量。SJMP 和所有条件转移指令使用

direct——8 位内部数据存储器地址。可以是直接访问数据 RAM 地址(0x00～0x7F)或一个 SFR 地址(0x80～0xFF)

#data——8 位立即数

#data16——16 位立即数

bit——数据 RAM 或 SFR 中的直接寻址位

addr11——LCALL 或 LJMP 使用的 11 位目的地址。目的地址必须与下一条指令第一个字节处于同一个 2KB 的程序存储器页

addr16——LCALL 或 LJMP 使用的 16 位目的地址。目的地址可以是 64KB 程序存储器空间内的任何位置

有一个未使用的操作码(0xA5),它执行与 NOP 指令相同的功能

Rn：当前选中的工作寄存器组 R0～R7（n＝0～7）。它在片内数据存储器中的地址由 PSW 中的 RS1 和 RS0 确定，可以是 00H～07H（第 0 组）、08H～0FH（第 1 组）、10H～17H（第 2 组）、18H～1FH（第 3 组）。

Ri：当前选中的工作寄存器组中可作为地址指针的两个工作寄存器 R0 和 R1（i＝0 或 i＝1）。它在片内数据存储器中的地址由 RS0 及 RS1 确定，分别为 00H、01H；08H、09H；10H、11H；18H、19H。

Direct：8 位片内 RAM 单元（包含 SFR）的直接地址。

#data：代表指令中 8 位的常量数据。

#data16：代表指令中 16 位的常量数据。

addr16：LCALL 与 LJMP 所使用的 16 位目的地址。

addr11：ACALL 与 AJMP 所使用的 11 位目的地址。

rel：指程序遇条件跳跃时的相对地址，往前最多可以跳 128 个字节，往后最多可以跳 127 个字节。

bit：特殊目的寄存器或内部数据 RAM 中可直接寻址的位。

@：间接寻址方式中，表示间址寄存器的符号。

/：位操作指令中，表示对该位先取反再参与操作，但不影响该位原值。

X：片内 RAM 的直接地址或寄存器。

(X)：在直接寻址方式中，表示直接地址 X 中的内容；在间接寻址方式中，表示由间址寄存器 X 指出的地址单元中的内容。

→：指令操作流程，将箭头左边的内容送入箭头右边的单元内。

←：指令操作流程，将箭头右边的内容送入箭头左边的单元内。

$：指本条指令起始地址。

3.7 寻址方式

指令中操作数 1 可能是具体的数，也可能是具体的存放数据的地址或符号，无论何种情况，都可由操作数取得参与指令运行的二进制数据。这个过程叫做寻址。

Cygnal 单片机共有 7 种寻址方式，现介绍如下。

(1) 立即寻址

操作数就写在指令中，和操作码一起放在程序存储器中。把"#"号放在立即数前面，

以表示该寻址方式为立即寻址。例如：

MOV A，#20H

含义是将数据 20H 赋给累加器 A，原操作数为立即数寻址。又如：

MOV DPTR，#20D8H

该指令功能为将立即数 20D8H 赋给 16 位寄存器 DPTR。

注意 目的操作数与原操作数的位数要匹配。指令 MOV A，#20D8H 是错误的。指令 MOV DPTR，#20H 相当于 MOV DPTR，#0020H。

在指令中，立即数可以是二进制、十六进制、十进制。指令 MOV A，#64H 与指令 MOV A，#100 和指令 MOV A,#0110 0100B 是等同的。

（2）寄存器寻址

操作数放在寄存器中，在指令中直接以寄存器的名来表示操作数地址。如 MOV A，R0 就属于寄存器寻址，即 R0 寄存器的内容送到累加器 A 中。寄存器寻址的对象主要有通用寄存器 Rn、累加器 A 及数据指针 DPTR。例如：MOV DPTR，#data16 指令的目的操作数为寄存器 DPTR 寻址。

（3）直接寻址方式

操作数直接以单元地址的形式给出：

MOV A，40H（直接地址只能 8 位）

寻址范围：

- 内部 RAM 的低 128 个单元；
- 特殊功能寄存器。

除了以单元地址的形式外，还可用寄存器符号的形式给出。例如：MOV A，80H 与 MOV A，P0 是等价的。

（4）寄存器间接寻址

操作数放在 RAM 某个单元中，该单元的地址又放在寄存器 R0 或 R1 中。如果 RAM 的地址大于 256，则该地址存放在 16 位寄存器 DPTR（数据指针）中，此时在寄存器名前加 @ 符号来表示这种间接寻址。例如：MOV A，@R0。

（5）基址变址寻址

指定的变址寄存器的内容与指令中给出的偏移量相加，所得的结果作为操作数的地址。例如：MOVC A，@A+DPTR。

（6）相对寻址

由程序计数器中的基地址与指令中提供的偏移量相加，得到的为操作数的地址。如 SJMP rel。

（7）位寻址

操作数是二进制中的某一位，其位地址出现在指令中。如 SETB bit。

3.8 Cygnal 系列单片机指令

Cygnal（MCS51）的指令系统，按功能分有数据传送和交换类、转移指令、算术运算类、逻辑运算类、十进制指令及一些伪指令。

3.8.1 数据传送和交换类指令

常用助记符

MOV 单片机内部 RAM 中的数据传递。

MOVX 累加器和单片机外部数据存储器间的数据传递。

7279 阵列式键盘实验

MOVC　累加器和程序存储器之间的数据传递。

XCH　累加器和某个内部 RAM 单元进行数据交换。

XCHD　累加器和某个内部 RAM 单元进行低半字节数据交换。

PUSH　将某个内部 RAM 单元的数据压入堆栈。

POP　将堆栈内的数据弹出。

数据传送和交换类指令主要有以下几种：内部数据传递指令、数据指针赋值指令、片外数据传送指令、ROM 数据访问指令、栈操作指令、数据交换指令。

① 以累加器为目的的传送指令（4 条）

```
MOV    A，#data ；   A ← data
MOV    A，direct ；   A ← （direct）
MOV    A，Rn    ；   A ← （Rn）
MOV    A，@Ri   ；   A ← ((Ri))
```

例如：

```
MOV    A，30H
MOV    A，#10H
MOV    A，R2
MOV    A，@R0
```

| 30H 33H → A XX 结果 → A 33H |
| 10H → A XX 结果 → 30H 10H |
| R2 33H → A XX → A 33H |
| R0 55H → 地址 55H 78H 取出 → A 78H |

注意　在使用 Ri 进行间接寻址时，只能够使用 R0 和 R1。

② 以通用寄存器 Rn 为目的的传送指令（3 条）

```
MOV   Rn，A      ；Rn ← (A)
MOV   Rn，direct ；Rn ←     （direct）
MOV   Rn，#dat a ；Rn ← data
```

例如：

```
MOV   R2，A
MOV   R2，30H
MOV   R2，#30H
```

| A 33H → R2 XX → R2 33H |
| 30H 55H → R2 XX → R2 55H |
| R2 30H → R2 XX → R2 30H |

③ 以直接地址 direct 为目的操作数的指令（5 条）

```
MOV   direct，A      ；(A)→direct
MOV   direct，Rn     ；(Rn)→direct，n=0~7
MOV   direct1，direct2；
MOV   direct，@Ri    ；((Ri))→direct
MOV   direct，#data  ；#data→direct
```

功能：把源操作数送入直接地址指出的存储单元。direct 指的是内部 RAM 或 SFR 的地址。

④ 以寄存器间接地址为目的操作数的指令（3 条）

```
MOV   @Ri，A       ；(A)→((Ri))，i=0，1
MOV   @Ri，direct  ；(direct)→((Ri))
MOV   @Ri，#data   ；#data→((Ri))
```

⑤ 16 位数传送指令（1 条）

   MOV DPTR,#data16 ; #data16→DPTR

唯一的 16 位数据的传送指令，立即数的高 8 位送入 DPH，低 8 位送入 DPL。

⑥ 堆栈操作指令（2 条）

MCS-51 内部 RAM 中可以设定一个后进先出（LIFO, Last In First Out）的区域，称作堆栈。堆栈指针 SP 指出堆栈的栈顶位置。

进栈指令

    PUSH direct

先将栈指针 SP 加 1，然后把 direct 中的内容送到栈指针 SP 指示的内部 RAM 单元中。例如：当（SP）=60H，（A）=30H，（B）=70H 时，执行：

    PUSH ACC ; (SP)+1=61H→SP,(A)→61H

    PUSH B ; (SP)+1=62H→SP,(B)→62H

  结果：（61H）=30H，（62H）=70H，（SP）=62H

出栈指令

    POP direct

SP 指示的栈顶（内部 RAM 单元）内容送入 direct 字节单元中，栈指针 SP 减 1。例如：当（SP）=62H，（62H）=70H，（61H）=30H 时，执行：

    POP DPH ; ((SP))→DPH,(SP)-1→SP

    POP DPL ; ((SP))→DPL,(SP)-1→SP

  结果：（DPTR）=7030H，（SP）=60H

⑦ 累加器 A 与外部数据存储器传送指令（4 条）

    MOVX A,@DPTR ;((DPTR))→A,读外部 RAM/IO

    MOVX A,@Ri ;((Ri))→A,读外部 RAM/IO

    MOVX @DPTR,A;(A)→((DPTR)),写外部 RAM/IO

    MOVX @Ri,A ;(A)→((Ri)),写外部 RAM/IO

功能：读外部 RAM 存储器或 I/O 中的一个字节，或把 A 中一个字节的数据写到外部 RAM 存储器或 I/O 中。

  注意 RD * 或 WR * 信号有效。

  采用 DPTR 间接寻址，高 8 位地址（DPH）由 P2 口输出，低 8 位地址（DPL）由 P0 口输出。

  采用 Ri（i=0，1）间接寻址，可寻址片外 256 个单元的数据存储器。Ri 内容由 P0 口输出。

  8 位地址和数据均由 P0 口输出，可选用其他任何输出口线来输出高于 8 位的地址（一般选用 P2 口输出高 8 位的地址）。

  MOV 后"X"表示单片机访问的是片外 RAM 存储器或 I/O。

⑧ 查表指令（2 条）

用于读程序存储器中的数据表格的指令，均采用基址寄存器加变址寄存器间接寻址方式。

    MOVC A,@A+PC

以 PC 作基址寄存器，A 的内容作为无符号整数和 PC 中的内容（下一条指令的起始地址）相加，得到一个 16 位的地址，该地址指出的程序存储单元的内容送到累加器 A。

注意 PSEN＊信号有效。

例如：（A）＝30H，执行地址1000H处的指令

    1000H：MOVC A,@A+PC

本指令占用一个字节，执行结果将程序存储器中1031H的内容送入A。

优点：不改变特殊功能寄存器及PC的状态，根据A的内容就可以取出表格中的常数。

缺点：表格只能存放在该条查表指令后面的256个单元之内，表格的大小受到限制，且表格只能被一段程序所利用。

    MOVC A,@A+DPTR

以DPTR作为基址寄存器，A的内容作为无符号数和DPTR的内容相加，得到一个16位的地址，把由该地址指出的程序存储器单元的内容送到累加器A。

例如：（DPTR）＝8100H，（A）＝40H，执行指令

    MOVC A,@A+DPTR

本指令的执行结果只和指针DPTR及累加器A的内容有关，与该指令存放的地址及常数表格存放的地址无关，因此表格的大小和位置可以在64KB程序存储器中任意安排，一个表格可以为各个程序块公用。

两条指令是在MOV的后面加C，"C"是CODE的第一个字母，即代码的意思。

⑨ 字节交换指令（3条）

    XCH A,Rn

    XCH A,direct

    XCH A,@Ri

例如：（A）＝80H，（R7）＝08H，（40H）＝F0H，（R0）＝30H，（30H）＝0FH，执行下列指令：

    XCH A,R7 ;（A）与（R7）互换

    XCH A,40H ;（A）与（40H）互换

    XCH A,@R0 ;（A）与（（R0））互换

结果：（A）＝0FH，（R7）＝80H，（40H）＝08H，（30H）＝F0H

⑩ 半字节交换指令（1条）

    XCHD A,@Ri

累加器的低4位与内部RAM低4位交换。例如：（R0）＝60H，（60H）＝3EH，（A）＝59H，执行指令

    XCHD A,@R0

结果：（A）＝5EH，（60H）＝39H

3.8.2 算术操作类指令（24）

单字节的加、减、乘、除法指令，都是针对8位二进制无符号数。执行的结果对CY、AC、OV三种标志位有影响，但增1和减1指令不影响上述标志。

（1）加法指令

共有4条加法运算指令：

  ADD A,Rn   ;（A）+（Rn）→A, n=0~7

  ADD A,direct ;（A）+（direct）→A

  ADD A,@Ri   ;（A）+（（Ri））→A,i=0,1

  ADD A,#data ;（A）+#data→A

一个加数总是来自累加器 A，而另一个加数可由不同的寻址方式得到。结果总是放在A 中。

使用加法指令时，要注意累加器 A 中的运算结果对各个标志位的影响：

① 如果位 7 有进位，则置"1"进位标志 CY，否则清"0"CY；

② 如果位 3 有进位，置"1"辅助进位标志 AC，否则清"0"AC（AC 为 PSW 寄存器中的一位）；

③ 如果位 6 有进位，而位 7 没有进位，或者位 7 有进位，而位 6 没有，则溢出标志位 OV 置"1"，否则清"0"OV。

溢出标志位 OV 的状态，只有在带符号数加法运算时才有意义。当两个带符号数相加时，OV＝1，表示加法运算超出了累加器 A 所能表示的带符号数的有效范围。例如：（A）＝53H，（R0）＝FCH，执行指令

$$ADD \quad A, R0$$

结果：（A）＝4FH，CY＝1，AC＝0，OV＝0，P＝1

注意 上面的运算中，由于位 6 和位 7 同时有进位，所以标志位 OV＝0。

例如：（A）＝85H，（R0）＝20H，（20H）＝AFH，执行指令：

$$ADD \quad A, @R0$$

结果：（A）＝34H，CY＝1，AC＝1，OV＝1，P＝1

注意 由于位 7 有进位，而位 6 无进位，所以标志位 OV＝1。

(2) 带进位加法指令

标志位 CY 参加运算，因此是 3 个数相加。共 4 条：

```
ADDC   A, Rn          ; (A)+(Rn)+C→A, n=0～7
ADDC   A, direct      ; (A)+(direct)+C→A
ADDC   A, @Ri         ; (A)+(Ri)+C→A, i=0, 1
ADDC   A, #data       ; (A)+ #data+C →A
```

例如：（A）＝85H，（20H）＝FFH，CY＝1，执行指令：

$$ADDC \quad A, 20H$$

结果：（A）＝85H，CY＝1，AC＝1，OV＝0，P＝1（A 中 1 的位数为奇数）

(3) 增 1 指令

5 条增 1 指令：

```
INC    A
INC    Rn            ; n=0～7
INC    direct
INC    @Ri           ; i=0, 1
INC    DPTR
```

不影响 PSW 中的任何标志。

第 5 条指令 INC DPTR，是 16 位数增 1 指令。指令首先对低 8 位指针 DPL 的内容执行加 1 的操作，当产生溢出时，就对 DPH 的内容进行加 1 操作，并不影响标志 CY 的状态。

(4) 十进制调整指令

用于对 BCD 码十进制数加法运算结果的内容修正。

指令格式：　　　　DA　　A

两个 BCD 码按二进制相加之后，必须经本指令的调整，才能得到正确的压缩 BCD 码的和数。

二进制数的加法运算原则并不能适用于十进制数的加法运算，有时会产生错误结果。例如：

$$3+6=9 \quad 0011+0101=1001 \quad 运算结果正确$$
$$7+8=15 \quad 0111+1000=1111 \quad 运算结果不正确$$
$$9+8=17 \quad 1001+1000=00001 \quad C=1 结果不正确$$

二进制数加法指令不能完全适用于 BCD 码十进制数的加法运算，对结果做有条件的修正——十进制调整。

出错原因　BCD 码只用了其中的 10 个，6 个没用到的编码（1010，1011，1100，1101，1110，1111）为无效码。凡结果进入或者跳过无效码编码区时，其结果就是错误的。

调整的方法　把结果加 6 调整，即所谓十进制调整修正。

修正方法

① 累加器低 4 位大于 9 或辅助进位位 AC=1，则进行低 4 位加 6 修正。

② 累加器高 4 位大于 9 或进位位 CY=1，则进行高 4 位加 6 修正。

③ 累加器高 4 位为 9，低 4 位大于 9，则高 4 位和低 4 位分别加 6 修正。

具体是通过执行指令 DA　A 自动实现的。

例如：(A)=56H，(R5)=67H，把它们看作为两个压缩的 BCD 数，进行 BCD 数的加法。执行指令：

　　　　　　ADD　　A,R5
　　　　　　DA　　A

由于高、低 4 位分别大于 9，所以要分别加 6 进行十进制调整对结果进行修正。

结果为：(A)=23H，CY=1

可见，56+67=123，结果是正确的。

思考　设两个 4 位 BCD 码分别存放在 30H（十位，个位）和 31H（千位，百位）、40H（十位，个位）和 41H（千位，百位），编程求这两个数的和，结果放在 30H、31H、32H 内。如何实现请读者自行设计程序实现功能，注意 DA。

(5) 带借位的减法指令

4 条指令：

　　SUBB　A,Rn　　　;(A)−(Rn)−CY→A，n=0∼7
　　SUBB　A,direct　;(A)−(direct)−CY→A
　　SUBB　A,@Ri　　　;(A)−((Ri))−CY→A，i=0,1
　　SUBB　A,#data　　;(A)−#data−CY→A

从累加器 A 中的内容减去指定的变量和进位标志 CY 的值，结果存在累加器 A 中。

① 如果位 7 需借位，则置 "1" CY，否则清 "0" CY。

② 如果位 3 需借位，则置 "1" AC，否则清 "0" AC。

③ 如果位 6 需借位，而位 7 不需要借位，或者位 7 需借位，位 6 不需借位，则置 "1" 溢出标志位 OV，否则清 "0" OV。

例如：(A)=C9H，(R2)=54H，CY=1，执行指令：

　　　　　　SUBB　　A,R2

结果：(A)=74H，CY=0，AC=0，OV=1（位 6 向位 7 借位）

（6）减1指令

4 条指令：

```
DEC   A       ; (A)-1→A
DEC   Rn      ; (Rn)-1→Rn   n=0～7
DEC   direct  ; (direct)-1→direct
DEC   @Ri     ; ((Ri))-1→ (Ri) ，i=0,1
```

减 1 指令不影响标志位。

（7）乘法指令

```
MUL   AB           ; A×B→BA
```

执行 MUL 指令后，C 被清零，积大于 255，则置"1"溢出标志位 OV。

（8）除法指令

```
DIV   AB           ; A/B→A（商），余数→B
```

如果 B 的内容为"0"（即除数为"0"），则存放结果 A、B 中的内容不定，并置"1"溢出标志位 OV。

3.8.3　逻辑运算指令

（1）简单逻辑操作指令

① 　　　CLR　A

功能是累加器 A 清"0"。不影响 CY、AC、OV 等标志。

② 　　　CPL　A

功能是将累加器 A 的内容按位逻辑取反，不影响标志。

（2）左环移指令

　　　　RL　A

功能是累加器 A 的 8 位向左循环移位，位 7 循环移入位 0，不影响标志。

（3）带进位左环移指令

　　　　RLC　A

功能是将累加器 A 的内容和进位标志位 CY 一起向左环移一位，A.7 移入进位位 CY，CY 移入 A.0，不影响其他标志。

（4）右环移指令

　　　　RR　A

功能是累加器 A 的内容向右环移一位，ACC.0 移入 ACC.7，不影响其他标志。

（5）带进位环移指令

　　　RRC　A

这条指令的功能是累加器 A 的内容和进位标志 CY 一起向右环移一位，ACC.0 进入 CY，CY 移入 ACC.7。

以上几种环移指令用于实现具有一定占空比的 PWM 波输出。如果 25% 占空比的输出，可以采用 11H 数据输入 A 累加器，并执行 RRC　A 指令，执行一次环移指令，将 C 位数据输出到指定端口。50%、75%、100% 的占空比如何实现？

（6）累加器半字节交换指令

将累加器 A 的高半字节（SWAP AACC.7～ACC.4）和低半字节（ACC.3～ACC.0）互换。

例如：(A)＝0C5H，执行指令：

   SWAP A

 结果：(A)＝5CH

(7) 逻辑与指令

  ANL A,Rn ; (A)∩(Rn)→A, n=0～7

  ANL A,direct; (A)∩(direct)→A

  ANL A,#data ; (A)∩#data→A

  ANL A,@Ri ; (A)∩((Ri))→A, i=0～1

  ANL direct,A; (direct)∩(A)→direct

  ANL direct,#data

       ; (direct)∩#data→direct

例如：(A)＝07H，(R0)＝0FDH，执行指令：

   ANL A,R0

 结果：(A)＝05H

(8) 逻辑或指令

  ORL A,Rn   ; (A)∪(Rn)→A，n=0～7

  ORL A,direct ; (A)∪(direct)→A

  ORL A,#data ; (A)∪data→A

  ORL A,@Ri ; (A)∪((Ri))→A，i=0,1

  ORL direct,A ; (direct)∪(A)→direct

  ORL direct,#data ; (direct)∪#data→direct

例如：(P1)＝05H，(A)＝33H，执行指令

   ORL P1,A

  结果：(P1)＝37H

(9) 逻辑异或指令

  XRL A,Rn   ; (A)⊕(Rn)→A

  XRL A,direct ; (A)⊕(direct)→A

  XRL A,@Ri ; (A)⊕((Ri))→A，i=0,1

  XRL A,#data ; (A)⊕#data→A

  XRL direct,A ;（direct)⊕(A)→direct

  XRL direct,#data ;（direct)⊕#data→direct

例如：(A)＝90H，(R3)＝73H，执行指令：

   XRL A,R3

 结果：(A)＝E3H

3.8.4　控制转移类指令

(1) 无条件转移指令

   AJMP addr11

2KB 范围内的无条件跳转指令。64KB 程序存储器空间分为 32 个区，每个区 2KB，转移的目标地址必须与 AJMP 下一条指令的地址的高 5 位地址码 A15～A11 相同。

  执行指令时，先 PC 加 2，然后把 addr11 送入 PC.10～PC.0，PC.15～PC.11 保持不

变，程序转移到目标地址。

本指令是为能与 MCS-48 的 JMP 指令兼容而设的。

（2）相对转移指令

$$SJMP \quad rel \quad (PC)+2+rel \rightarrow PC$$

实现的程序转移是双向的。在编写程序时，直接写上要转向的目标地址标号就可以。

例如：LOOP:　　MOV　　A，R6

⋮

　　　　　　　SJMP　LOOP

⋮

程序在汇编时，由汇编程序自动计算和填入偏移量。手工汇编时，偏移量 rel 的值则需程序设计人员计算。

（3）长跳转指令

$$LJMP \quad addr16 \qquad addr16 \rightarrow PC$$

指令执行时把指令的第 2 和第 3 字节分别装入 PC 的高位和低位字节中，无条件地转向 addr16 指出的目标地址。目标地址可以在 64KB 程序存储器地址空间的任何位置。

（4）间接跳转指令

$$JMP \quad @A+DPTR \qquad (A)+(DPTR) \rightarrow PC$$

由 A 中 8 位无符号数与 DPTR 的 16 位数内容之和来确定。以 DPTR 内容作为基址，A 的内容作变址。

给 A 赋予不同的值，即可实现程序的多分支转移。

（5）条件转移指令

规定的条件满足，则进行转移，条件不满足则顺序执行下一条指令。

当条件满足时，把 PC 装入下一条指令的第 1 个字节地址，再把带符号的相对偏移量 rel 加到 PC 上，计算出目标地址。

JZ　　rel　；如果累加器为"0"，则转移

　　　　　　　如果（A）= 0，则（PC）+2+rel →PC。

JNZ　rel　；如果累加器非"0"，则转移

　　　　　　　如果（A）≠ 0，则（PC）+2+rel →PC。

（6）比较不相等转移指令

CJNE　　A,direct,rel

CJNE　　A,#data,rel

CJNE　　Rn,#data,rel

CJNE　　@Ri,#data,rel

比较前面两个操作数的大小，如果它们的值不相等则转移。

如果第 1 操作数（无符号整数）小于第 2 操作数（无符号整数），则置进位标志位 CY，否则清"0" CY。

（7）减 1 不为 0 转移指令

这是一组把减 1 与条件转移两种功能结合在一起的指令。共 2 条指令：

DJNZ　　Rn,rel　　　;n=0～7

DJNZ　　direct,rel

将源操作数（Rn 或 direct）减 1，结果回送到 Rn 寄存器或 direct 中去。如果结果不为 0，则转移。允许程序员把寄存器 Rn 或内部 RAM 的 direct 单元用作程序循环计数器，主要用于控制程序循环。以减 1 后是否为 "0" 作为转移条件，即可实现按次数控制循环。

(8) 调用子程序指令

① 短调用指令

   ACALL addr11

与 AJMP 指令相类似，是为了与 MCS-48 中的 CALL 指令兼容而设的。

② 长调用指令

   LCALL addr16

(9) 子程序的返回指令

   RET

执行本指令时：

(SP)→PCH，然后（SP）−1→SP

(SP)→PCL，然后（SP）−1→SP

功能是从堆栈中退出 PC 的高 8 位和低 8 位字节，把栈指针减 2，从 PC 值开始继续执行程序。

(10) 中断返回指令

    RETI

功能与 RET 指令相似。两指令不同之处，是本指令清除了中断响应时，被置 "1" 的 MCS-51 内部中断优先级寄存器的优先级状态。

(11) 空操作指令

    NOP

3.8.5　位操作指令

(1) 数据位传送指令

   MOV C,bit

   MOV bit,C

 例：MOV C,06H   ;（20H).6→CY

  06H 是内部 RAM20H 字节位 6 的位地址。

  MOV P1.0,C ;CY→P1.0

(2) 位变量修改指令

   CLR C   ;清 "0" CY

   CLR bit   ;清 "0" bit 位

   CPL C   ;CY 求反

   CPL bit   ;bit 位求反

   SETB C   ;置 "1" CY

   SETB bit   ;置 "1" bit 位

这组指令将操作数指出的位清 "0"、求反、置 "1"，不影响其他标志。

例   CLR   C   ; 0→CY
         CLR   27H   ; 0→（24H）.7 位
         CPL   08H   ; →（21H）.0 位
         SETB   P1.7   ; 1→P1.7 位

(3) 位变量逻辑与指令
         ANL   C,bit   ; bit∩CY→CY
         ANL   C,/bit   ; /bit ∩CY→CY

(4) 位变量逻辑或指令
         ORL   C,bit
         ORL   C,/bit

(5) 条件转移类指令
         JC   rel   ; 如果进位位 CY=1，则转移
         JNC   rel   ; 如果进位位 CY=0，则转移
         JB   bit,rel   ; 如果直接寻址位=1，则转移
         JNB   bit,rel   ; 如果直接寻址位=0，则转移
         JBC   bit,rel   ; 如果直接寻址位=1，则转移，并清 0 直接寻址

思考题

1. 指令有几种形式？有何异同？
2. Cygnal 单片机指令格式是怎样的？各有何含义？
3. Cygnal 单片机共有几种寻址方式？
4. 指出下列各指令中源地址的寻址方式

   MOV   A ，#87H

   MOV   A ，72H

   MOV   A ，0F0H

   MOV   A ，@R0

   MOVC   A ，@A+PC

   MOV   A ，@DPTR

   CPL   40H

   SETB   50H

5. MOV PSW，#10H 是将 Cygnal 单片机的工作寄存器置为第_____组。

6. 用指令实现下述数据传送。

(1) 内部 RAM 10H 单元送内部 RAM40H。

(2) 外部 RAM 10H 单元送 R0 寄存器。

(3) 外部 RAM 10H 单元送内部 RAM40H 单元。

(4) 外部 RAM 1000H 单元送内部 RAM40H 单元。

(5) 外部 ROM 1000H 单元送内部 RAM40H 单元。

(6) 外部 ROM 1000H 单元送外部 RAM40H。

7. 一台计算机的指令系统就是它所能执行的_____集合。

8. 以助记符形式表示的计算机指令就是它的_____语言。

9. 在直接寻址方式中，只能使用_____位二进制数作为直接地址，因此其寻址对象只

限于_____。

10. 在寄存器间接寻址方式中，其"间接"体现在指令中寄存器的内容不是操作数，而是操作数的_____。

11. 在变址寻址方式中，以_____作变址寄存器，以_____或_____作基址寄存器。

12. 假定累加器 A 的内容为 30H，执行指令 1000H：MOVC A，@A＋PC 后，把程序存储器_____单元的内容送累加器 A 中。

13. 假定 DPTR 的内容为 8100H，累加器 A 的内容为 40H，执行指令 MOVC A，@A＋DPTR 后，送入 A 的是程序存储器_____单元的内容。

14. 假定（SP）＝60H，（ACC）＝30H，（B）＝70H，执行指令 PUSH ACC PUSHB 后 SP 的内容为_____，61H 单元的内容为_____，62H 单元的内容为_____。

15. 编程：将存在 R7 中的数 100 送入内部 RAM 的 40H 单元。

(1) 用立即寻址方式　　　　　(2) 用直接寻址方式

(3) 用寄存器寻址方式　　　　(4) 用寄存器间接寻址方式

16. 设 R0 的内容为 32H，A 的内容为 48H，内部 RAM 的 32H 单元内容为 80H，40H 单元内容为 08H。试说明在执行下列程序段后，上述各单元内容的变化。

```
MOV   A ， @R0
MOV   @R0, 40H
MOV   40H ， A
MOV   R0 ， #36
```

17. 假定（A）＝85H，（R0）＝20H，（20H）＝0AFH。执行指令 ADD A，@R0 后，累加器 A 的内容为_____，CY 的内容为_____，AC 的内容为_____，OV 的内容为_____。

18. 假定（A）＝85H，（20H）＝0FFH，（CY）＝1，执行指令 ADDC A，20H 后，累加器 A 的内容是_____，CY 的内容为_____，AC 的内容为_____，OV 的内容是_____。

19. 已知：（A）＝78H，（B）＝（R0）＝78H，C＝1，片内 RAM(78H)＝0DDH，片内 RAM(80H)＝6CH，试分别写出下列指令的机器码及执行各条指令的结果（包括标志位的变化）。

(1)　　ADD　　　　A，@R0

(2)　　ADDC　　　A，78H

(3)　　SUBB　　　A，#77H

(4)　　INC　　　　R0

(5)　　DEC　　　　78H

(6)　　MUL　　　　AB

(7)　　DIV　　　　AB

(8)　　ANL　　　　78H，#78H

(9)　　ORL　　　　A，#0FH

(10)　　XRL　　　　80H，A

20. 写出达到下列要求的指令（不能改变其他位的内容）。

(1) 使 A 的最低位置 1。

(2) 清除 A 的高 4 位。

(3) 使 A.2 和 A.3 置 1。

(4) 清除 A 的中间 4 位。

(5) 将内部 RAM30H 的低 2 位、31H 的中间 4 位、32H 的高 2 位按序拼成一个新字节，存入 33H 单元中。

(6) 将 DPTR 中间 8 位取反，其余位不变。

21. 若外部 RAM 的 (2000H)＝X，编程实现 Z＝X＋2Y，结果存入内部 RAM 的 40H 单元。设 Z＜255。

22. 编制程序段，实现以下各功能。

(1) 将内部 RAM 40H～43H 4 个单元中 4 个字节的无符号数乘以 4 后存放到 50H 开始的连续 4 个单元中。

(2) 将内部 RAM 40H～43H 4 个单元中 4 个字节的补码数乘以 4 后存放到 60H 开始的连续 4 个单元中。

(3) 将内部 RAM 40H～43H 4 个单元中 4 个字节带符号数求补以后存放到 70H 开始的连续 4 个单元中。

23. 分组讨论

(1) 算术操作类指令对标志位的影响。

(2) 逻辑操作类指令对字节内容的修改。

(3) 程序转移类指令：长转移、绝对转移、短转移、相对转移、无条件转移、条件转移之间的区分；绝对转移指令指令机器码与转移范围的确定；相对转移指令相对偏移量的计算；查表指令的查表转移；比较转移指令的格式与功用。

(4) 位操作类指令中直接寻址的表示方式。

24. 指出下列指令中哪些是非法的：

(1)	INC	@R1
(2)	DEC	@DPTR
(3)	MOV	A，@R2
(4)	MOV	40H，@R1
(5)	MOV	R1.0，0
(6)	MOV	20H，21H
(7)	ANL	20H，#0F0H
(8)	RR	20H
(9)	RLC	30H
(10)	RL	B

25. 有程序如下：

CLR	C
CLR	RS1
CLR	RS0
MOV	A，#38H
MOV	R0，A
MOV	29H，R0
SETB	RS0
MOV	R1，A
MOV	26H，A
MOV	28H，C

(1) 区分哪些是位操作指令？哪些是字节操作指令？

(2) 写出程序执行后，片内 RAM 有关单元的内容。

实现交通灯自动控制

 项目描述

　　利用汇编语言程序结构、伪指令实现完整程序的设计。利用汇编语言算术计算指令、循环移动数据指令、比较指令、子程序设计及调用指令的功能，仿真实现十字路口红、黄、绿三色指示灯的交通自动控制功能。

项目分析

　　具体要求如下：

　　① 东西方向红灯点亮一段时间（约 4s），同时南北方向绿点亮相同时间；

　　② 东西方向红灯闪亮一段时间（约 4s），同时南北方向绿闪亮相同时间；

　　③ 4 个方向的红、绿灯熄灭的同时四方向黄灯闪亮，延时约 1s；

　　④ 黄灯熄灭，南北方向红灯点亮一段时间（约 4s），同时东西方向绿点亮相同时间；

　　⑤ 南北方向红灯闪亮一段时间（约 4s），同时东西方向绿灯闪亮相同时间；

　　⑥ 4 个方向的红、绿灯熄灭的同时黄灯闪亮，延时 1s；

　　⑦ 从第一步开始循环。

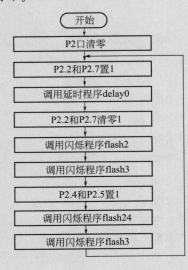

```
        ┌─────────┐
        │  开始   │
        └────┬────┘
             │
    ┌────────▼────────┐
    │    P2口清零      │
    └────────┬────────┘
             │◄──────────────┐
    ┌────────▼────────┐      │
    │  P2.2和P2.7置1   │      │
    └────────┬────────┘      │
    ┌────────▼────────┐      │
    │ 调用延时程序delay0│      │
    └────────┬────────┘      │
    ┌────────▼────────┐      │
    │ P2.2和P2.7清零1  │      │
    └────────┬────────┘      │
    ┌────────▼────────┐      │
    │ 调用闪烁程序flash2│      │
    └────────┬────────┘      │
    ┌────────▼────────┐      │
    │ 调用闪烁程序flash3│      │
    └────────┬────────┘      │
    ┌────────▼────────┐      │
    │  P2.4和P2.5置1   │      │
    └────────┬────────┘      │
    ┌────────▼─────────┐     │
    │调用闪烁程序flash24 │     │
    └────────┬─────────┘     │
    ┌────────▼────────┐      │
    │ 调用闪烁程序flash3│      │
    └────────┬────────┘      │
             └───────────────┘
```

知识点

① 汇编语言语句格式的书写。
② 理解汇编语言程序设计的步骤与特点。
③ 常见汇编语言程序中的伪指令。
④ 汇编语言程序的基本结构形式。
⑤ 算术运算程序。
⑥ 数制转换程序。
⑦ 延时程序。
⑧ 查表程序。
⑨ 数据极值查找程序。
⑩ 数据排序程序。

4.1　汇编语言程序设计概述

（1）汇编语言的特点

① 助记符指令和机器指令一一对应，所以用汇编语言编写的程序效率高，占用存储空间小，运行速度快，因此汇编语言能编写出最优化的程序。

② 使用汇编语言编程比使用高级语言困难，因为汇编语言是面向计算机的，汇编语言的程序设计人员必须对计算机硬件有相当深入的了解。

③ 汇编语言能直接访问存储器及接口电路，也能处理中断，因此汇编语言程序能够直接管理和控制硬件设备。

④ 汇编语言缺乏通用性，程序不易移植，各种计算机都有自己的汇编语言，不同计算机的汇编语言之间不能通用；但是掌握了一种计算机系统的汇编语言后，学习其他的汇编语言就不太困难了。

（2）汇编语言的语句格式

[<标号>]：<操作码>[<操作数>]；[<注释>]

（3）汇编语言程序设计的步骤

① 建立数学模型。
② 确定算法。
③ 制定程序流程图，流程图符号如表 4-1 所示。
④ 确定数据结构。
⑤ 写出源程序。
⑥ 上机调试程序。

表 4-1　流程图符号功能

符　号	名　称	表示的功能
	起止框	程序的开始或结束
	处理框	各种处理操作

续表

符　号	名　称	表示功能
◇	判断框	条件转移操作
▱	输入输出框	输入输出操作
↓　→	流程线	描述程序的流向
∘—∘	引入引出连接线	流程的连接

4.2　伪指令

伪指令是程序员发给汇编程序的命令，也称为汇编命令或汇编程序控制指令。

Cygnal 常见汇编语言程序中常用的伪指令如下。

(1) ORG (ORiGin)　汇编起始地址命令

[＜标号：＞]ORG＜地址＞

在汇编语言源程序的开始，通常都用一条 ORG 伪指令来实现规定程序的起始地址。

在十字路口交通灯控制中，用 ORG　0000H 来开始程序。

(2) END (END of assembly) 汇编终止命令

[＜标号：＞]END[＜表达式＞]

汇编语言源程序的结束标志，用于终止源程序的汇编工作。在整个源程序中只能有一条 END 命令，且位于程序的最后。

在十字路口交通灯控制中，用 END 来结束的程序。

(3) EQU (EQUate) 赋值命令

＜字符名称＞EQU＜赋值项＞

(4) DB (Define Byte) 定义字节命令

[＜标号：＞]DB＜8位数表＞

(5) DW (Define Word) 定义数据字命令

[＜标号：＞]DW＜16位数表＞

(6) DS (Define Stonage) 定义存储区命令

[＜标号：＞]DW＜16位数表＞

(7) BIT 位定义命令

＜字符名称＞BIT＜位地址＞

(8) DATA 数据地址赋值命令

＜字符名称＞DATA＜表达式＞

4.3　单片机汇编语言程序的基本结构形式

(1) 顺序程序

【例 4-1】　3字节无符号数相加，其中被加数在内部 RAM 的 50H、51H 和 52H 单元中，加数在内部 RAM 的 53H、5414 和 55H 单元中，要求把相加之和存放在 50H、51H 和 52H 单元中，进位存放在位寻址区的 00H 位中。

```
        MOV    R0,#52H              ; 被加数的低字节地址
        MOV    R1,#55H              ; 加数的低字节地址
        MOV    A,@R0
        ADD    A,@R1                ; 低字节相加
        MOV    @R0,A                ; 存低字节相加结果
        DEC    R0
        DEC    R1
        MOV    A,@R0
        ADDC   A,@R1                ; 中间字节带进位相加
        MOV    @R0,A                ; 存中间字节相加结果
        DEC    R0
        DEC    R1
        MOV    A,@R0
        ADDC   A,@R1                ; 高字节带进位相加
        MOV    @R0,A                ; 存高字节相加结果
        CLR    A
        ADDC   A,#00H               ; 存放进位的单元地址
        MOV    @R0,A                ; 进位送00H位保存
```

其中：

① MOV　Rn,A　　　　 ; (A)→Rn,n=0~7

② MOV　A,#data　　　 ; #data→A

在十字路口交通灯控制中，用到 MOVR0，♯0FFH；MOVA，♯01H 等。

【例 4-2】 从 50 个字节的无序表中查找一个关键字"40H"。

```
        ORG    1000H
        MOV    30H,#××H             ; 关键字××H送30H单元
        MOV    R1,#50               ; 查找次数送R1
        MOV    A,#14                ; 修正值送A
        MOV    DPTR,#TAB4           ; 表首地址送DPTR
LOOP:   PUSH   ACC
        MOVC   A,@A+PC              ; 查表结果送A
        CJNE   A,40H,LOOP1          ; (40H)不等于关键字LOOP1
        MOV    R2,DPH               ; 已查到关键字,把该字的地址送R2、R3
        MOV    R3,DPL
DONE:   RET
LOOP1:  POP    ACC                 ; 修正值弹出
        INC    A                   ; A+1→A
        INC    DPTR                ; 修改数据指针DPTR
        DJNZ   R1,LOOP             ; R1≠0,未查完,继续查找
        MOV    R2,#00H             ; R1=0,清"0"R2和R3
        MOV    R3,#00H             ; 表中50个数已查完
        AJMP   DONE                ; 从子程序返回
TAB4:   DB     …,…,…              ; 50个无序数据表
        END
```

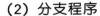

(2) 分支程序

① 单分支程序

【例 4-3】 变量 X 存放在 VAR 单元内，函数值 Y 存放在 FUNC 单元中，试按下式的要求给 Y 赋值：

$$Y = \begin{cases} 1 & X > 0 \\ 0 & X = 0 \\ -1 & X < 0 \end{cases}$$

本题的程序流程见图 4-1(a)。

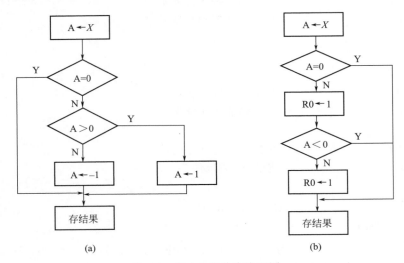

图 4-1　例 4-3 的分支流程图

参考程序：

```
          ORG    1000H
VAR       DATA   30H
FUNC      DATA   31H
          MOV    A，VAR           ；A ← X
          JZ     DONE            ；若 X=0，则转 DONE
          JNB    ACC.7，POSI      ；若 X>0，则转 POSI
          MOV    A，#0FFH         ；若 X<0，则 Y=−1
          SJMP   DONE
POSI：    MOV    A，#01H          ；若 X>0，则 Y=1
DONE：    MOVE   FUNC，A          ；存函数值
          SJMP   $
          END
```

这个程序的特征是先比较判断，然后按比较结果赋值，这实际是三分支归一的流程图，因此，至少要用两个转移指令。初学者很容易犯的一个错误是：漏掉了其中的 SJMP DONE 语句，因为流程图中没有明显的转移痕迹。

这个程序也可以按图 4-1(b) 的流程图来编写，其特征是先赋值，后比较判断，然后修改赋值并结束。

参考程序：

```
          ORG    1000H
VAR       DATA   30H
FUNC      DATA   31H
          MOV    A，VAR          ; A←X
          JZ     DONE           ; 若X=0，则转DONE
          MOV    R0，#0FFH       ; 先设X<0，R0=FFH
          JNB    ACC.7，NEG      ; 若X<0，则转NEG
          MOV    R0，#01H        ; 若X>0，R0=1
NEG：     MOV    A，#01H         ; 若X>0，则Y=1
DONE：    MOV    FUNC，A         ; 存函数值
          SJMP   $
          END
```

② 多分支程序

参见图 4-2。

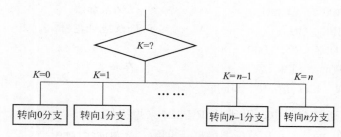

图 4-2　多分支程序转移

(3) 循环程序

循环程序一般由 4 部分组成：

① 置循环初值，即确立循环开始时的状态；

② 循环体（工作部分），要求重复执行的部分；

③ 循环修改，循环程序必须在一定条件下结束，否则就要变成死循环；

④ 循环控制部分，根据循环结束条件，判断是否结束循环。

以上 4 个部分可以有两种组织方式。

【例 4-4】　从 BLOCK 单元开始存放一组无符号数，一般称为一个数据块。数据块长度放在 LEN 单元，编写一个求和程序，将和存入 SUM 单元，假设和为不超过 8 位的二进制数。

在置初值时，将数据块长度置入一个工作寄存器，将数据块首地址送入另一个工作寄存器，一般称它为数据块地址指针。每做一次加法之后，修改地址指针，以便取出下一个数来相加，并且使计数器减 1。到计数器减到 0 时，求和结束，把和存入 SUM 即可。

参考程序（各单元的地址是任意的）：

```
LEN       DATA   20H
SUM       DATA   21H
BLOCK     DATA   22H
          CLR    A              ; 清累加器
```

```
           MOV    R2, LEN          ; 数据块长度送 R2
           MOV    R1, #BLOCK       ; 数据块首址送 R1
LOOP:      ADD    A, @R1           ; 循环做加法
           INC    R1               ; 修改地址指针
           DJNZ   R2, LOOP         ; 修改计数器并判断
           MOV    SUM, A           ; 存和
```

以上程序在计数器初值不为零时是没有问题的，但若是数据块的长度有可能为零，则将出现问题。当 R2 初值为零，减 1 之后将为 FFH，故要做 256 次加法之后才会停止，显然和题意不符。若考虑到这种情况，则可按下面的方式来编写程序，在做加法之前，先判断一次 R2 的初值是否为零。整个程序仍基本套用原来的形式。

```
           CLR    A                ; 清累加器
           MOV    R2, LEN          ; 数据块长度送 R2
           MOV    R1, #BLOCK       ; 数据块首址送 R1
           INC    R2
           SJMP   CHECK
LOOP :     ADD    A, @R1           ; 循环做加法
           INC    R1               ; 修改地址指针
CHECK :    DJNZ   R2, LOOP
           MOV    SUM, A           ; 存和
```

其中：① CLR bit；清 "0" bit 位。

在十字路口交通灯控制中，用到 CLR P2.4 来熄灭灯。

② DJNZ Rn, rel ;n=0～7　　　　　　DJNZ direct, rel

将源操作数（Rn 或 direct）减 1，结果回送到 Rn 寄存器或 direct 中去。如果结果不为 0，则转移到标号为 rel 的子程序中去。允许程序员把寄存器 Rn 或内部 RAM 的 direct 单元用作程序循环计数器。主要用于控制程序循环。以减 1 后是否为 "0" 作为转移条件，即可实现按次数控制循环。

最常见的多重循环是由 DJNZ 指令构成的软件延时程序，它是常用的程序之一。

【例】 50ms 延时程序。

延时程序与 Cygnal 指令执行时间有很大的关系。在使用 12MHz 晶振时，一个机器周期为 $1\mu s$，执行一条 DJNZ 指令的时间为 2/3（表 4-2），用双重循环方法写出下面的延时 50ms 的程序：

```
DEL:   MOV    R7, #200
DEL1:  MOV    R6, #375
DEL2:  DJNZ   R6, DEL2      ; 375×2/3=250μs
       DJNZ   R7, DEL1      ; 0.25ms×200=50ms
       RET
```

表 4-2　控制转换类指定执行时间

助记符	功能说明	字节数	时钟周期数
控制转移类指令			
ACALL addr11	绝对调用子程序	2	3
LCALL addr16	长调用子程序	3	4

续表

助记符	功能说明	字节数	时钟周期数
控制转移类指令			
RET	从子程序返回	1	5
RETI	从中断返回	1	5
AJMP addr11	绝对转移	2	3
LJMP addr16	长转移	3	4
SJMP rel	短转移（相对偏移）	2	3
JMP@A+DPTR	相对 DPTR 的间接转移	1	3
JZ rel	累加器为 0 则转移	2	2/3
JNZ rel	累加器为非 0 则转移	2	2/3
CJNE A,direct,rel	比较直接寻址字节与 A,不相等则转移	3	3/4
CJNE A,#data,rel	比较立即数与 A,不相等则转移	3	3/4
CJNE Rn,#data,rel	比较立即数与寄存器,不相等则转移	3	3/4
CJNE @Ri,#data,rel	比较立即数与间接寻址 RAM,不相等则转移	3	4/5
DJNZ Rn,rel	寄存器减 1,不为零则转移	2	2/3
DJNZ direct,rel	直接寻址字节减 1,不为零则转移	3	3/4
NOP	空操作	1	1

以上延时程序不太精确，它没有考虑到除"DJNZR6，DEL2"指令外的其他指令的执行时间。如把其他指令的执行时间计算在内，它的延时时间为：

$$(250+1+2)\times200+1=50.301\text{ms}$$

如果要求比较精确的延时，可按如下修改：

```
DEL:    MOV   R7,#200
DEL1:   MOV   R6,#123
        NOP
DEL2:   DJNZ  R6,DEL2      ;2×123+2=248μs
        DJNZ  R7,DEL1      ;(248+2)×200+1=50.001ms
        RET
```

实际延时时间为 50.001ms。

注意　软件延时程序不允许有中断，否则将严重影响定时的准确性。

在十字路口交通灯控制中用

Djnz　R7,loop9　　 Djnz　R6,loop8　　 Djnz　R5,loop7

来实现延时。

(4) 子程序的设计

① 子程序设计原则　子程序是一种能完成某一特定任务的程序段，其资源要为所有调用程序共享。因此，子程序在结构上应具有独立性和通用性。

在编写子程序时应注意以下问题。

• 子程序第一条指令的地址称为子程序的入口地址，该指令前必须有标号。

• 主程序调用子程序有两条：绝对调用指令 ACALL addr11 和长调用指令 LCALL

addr16。

- 注意设置堆栈指针和现场保护。
- 最后一条指令必须是 RET 指令。
- 子程序可以嵌套，即子程序可以调用子程序。
- 在子程序调用时，要注意参数传递的问题。

② 子程序的基本结构

```
MAIN:        ⋮              ；MAIN 为主程序或调用程序标号
             ⋮
        LCALL  SUB          ；调用子程序 SUB
             ⋮
SUB:    PUSH  PSW           ；现场保护
        PUSH  ACC           ；
     子程序处理程序段
        POP   ACC           ；现场恢复
        POP   PSW           ；
RET                         ；最后一条指令必须为 RET
```

4.4 Cygnal 单片机汇编语言程序设计举例

（1）算术运算程序

【例 4-5】 假定 R2、R3 和 R4、R5 分别存放两个 16 位的带符号二进制数，其中 R2 和 R4 的最高位为两数的符号位。请编写带符号双字节二进制数的加减法运算程序，以 BSUB 为减法程序入口，以 BADD 为加法程序入口，以 R6、R7 保存运算结果。

参考程序

```
BSUB:    MOV   A，R4          ；取减数高字节
         CPL   ACC.7         ；减数符号取反以进行加法
         MOV   R4，A
BADD:    MOV   A，R           ；取被加数
         MOV   C，ACC.7       ；
         MOV   F0，C          ；被加数符号保存在 F0 中
         XRL   A，R4          ；两数高字节异或
         MOV   C，ACC.7       ；两数同号CY=0，两数异号CY=1
         MOV   A，R2
         CLR   ACC.7         ；高字节符号位清"0"
         MOV   R2，A          ；取其数值部分
         MOV   A，R4
         CLR   ACC.7         ；低字节符号位清"0"
         MO V  R4，A          ；取其数值部分
         JC    JIAN          ；两数异号转JIAN
```

JIA:	MOV	A，R3	；两数同号进行加法
	ADD	A，R5	；低字节相加
	MOV	R7，A	；保存和
	MOV	A，R2	
	ADDC	A，R4	；高字节相加
	MOV	R6，A	；保存和
	JB	ACC.7，QAZ	；符号位为"1"转溢出处理
QWE：	MOV	C，F0	；结果符号处理
	MOV	ACC.7，C	
	MOV	R6，A	
	RET		
JIAN：	MOV	A，R3	；两数异号进行减法
	CLR	C	
	SUBB	A，R5	；低字节相减
	MOV	R7，A	；保存差
	MOV	A，R2	
	SUBB	A，R4	；高字节相减
	MOV	R6，A	；保存差
	JNB	ACC.7，QWE	；判断差的符号，为"0"转QWE
BMP：	MOV	A，R7	；为"1"进行低字节取补
	CPL	A	
	ADD	A，#1	
	MOV	R7，A	
	MOV	A，R6	；高字节取补
	CPL	A	
	ADDC	A，#0	
	MOV	R6，A	
	CPL	F0	；保存在F0中的符号取反
	SJMP	QWE	；转结果符号处理
QAZ：	M		；溢出处理

（2）数制转换程序

【例 4-6】 在内部 RAM 的 hex 单元中存有两位十六进制数，试将其转换为 ASCII 码，并存放于 asc 和 asc+1 两个单元中。

主程序（MAIN）

	MOV	SP，#3FH	
MAIN：	PUSH	hex	；十六进制数进栈
	ACALL	HASC	；调用转换子程序
	POP	asc	；第一位转换结果送 asc 单元
	MOV	A，hex	；再取原十六进制数
	SWAP	A	；高低半字节交换
	PUSH	ACC	；交换后的十六进制数进栈

```
        ACALL   HASC
        POP     asc+1                    ; 第二位转换结果送 asc+1 单元
```
子程序（HASC）：
```
HASC：   DEC     SP                       ; 跨过断点保护内容
        DEC     SP
        POP     ACC                      ; 弹出转换数据
        ANL     A，#0FH                   ; 屏蔽高位
        ADD     A，#7                     ; 修改变址寄存器内容
        MOVC    A，@A+PC                  ; 查表
        PUSH    ACC                      ; 查表结果进栈
        INC     SP                       ; 修改堆栈指针回到断点保护内容
        INC     SP
ASCTAB：  RET     SP
        DB      "0，1，2，3，4，5，6，7"   ; ASCII码表
                "8，9，A，B，C，D，E，F"
```
其中，RET 为子程序的返回指令。

在十字路口交通灯控制中用 RET 来实现子程序的返回。

（3）定时程序

有多个定时需要，可以先设计一个基本的延时程序，使其延时时间为各定时时间的最大公约数，然后就以此基本程序作为子程序，通过调用的方法实现所需要的不同定时。例如要求的定时时间分别为 $5\mu s$、$10\mu s$ 和 $20\mu s$ 并设计一个 1s 延时子程序 DELAY，则不同定时的调用情况表示如下：

```
        MOV     R0，#05H                  ; 5s 延时
LOOP1：  LCALL   DELAY
        DJNZ    R0，LOOP1
M
        MOV     R0，#0AH                  ; 10s 延时
LOOP2：  LCALL   DELAY
        DJNZ    R0，LOOP2
M
        MOV     R0，#14H                  ; 20s 延时
LOOP3：  LCALL   DELAY
        DJNZ    R0，LOOP3
M
```
其中，长调用指令　　LCALL addr16

在十字路口交通灯控制中用 Lcalldelay1 来调用延时。

（4）查表程序

假定有 4×4 键盘，键扫描后把被按键的键码放在累加器 A 中，键码与处理子程序入口地址的对应关系为：

键　码	入口地址
0	RK0
1	RK1
2	RK2
M	M

并假定处理子程序在 ROM 64KB 的范围内分布。要求以查表方法，按键码转向对应的处理子程序。参考程序如下：

```
        MOV     DPTR，#BS           ; 子程序入口地址表首址
        RL      A                   ; 键码值乘以2
        MOV     R2，A               ; 暂存 A
        MOVC    A，@A+DPTR          ; 取得入口地址低位
        PUSH    A                   ; 进栈暂存
        INC     A
        MOVC    A，@A+DPTR          ; 取得入口地址高位
        MOV     DPH，A              
        POP     DPL
        CLR     A
        JMP     @A+DPTR             ; 转向键处理子程序
BS：     DB      RK0L                ; 处理子程序入口地址表
        DB      RK0H
        DB      RK1L
        DB      RK1H
        DB      RK2L
        DB      RK2H
```

(5) 数据极值查找程序

【例 4-7】　内部 RAM 20H 单元开始存放 8 个无符号 8 位二进制数，找出其中的最大数。

极值查找操作的主要内容是进行数值大小的比较。假定在比较过程中，以 A 存放大数，与之逐个比较的另一个数放在 2AH 单元中。比较结束后，把查找到的最大数送 2BH 单元中。程序流程如图 4-3 所示。

参考程序如下：

```
        MOV     R0，#20H            ; 数据区首地址
        MOV     R7，#08H            ; 数据区长度
        MOV     A，@R0              ; 读第一个数
        DEC     R7
LOOP：   INC     R0
        MOV     2AH，@R0            ; 读下一个数
        CJNE    A，2AH，CHK         ; 数值比较
CHK：    JNC     LOOP1              ; A 值大转移
        MOV     A，@R0              ; 大数送 A
LOOP1：  DJNZ    R7，LOOP            ; 继续
        MOV     2BH，A              ; 极值送 2BH 单元
HERE：   AJMP    HERE               ; 停止
```

（6）数据排序程序

【**例 4-8**】 假定 8 个数连续存放在 20H 为首地址的内部 RAM 单元中，使用冒泡法进行升序排序编程，见图 4-4。设 R7 为比较次数计数器，初始值为 07H。TR0 为冒泡过程中是否有数据互换的状态标志，TR0 = 0 表明无互换发生，TR0 = 1 表明有互换发生。

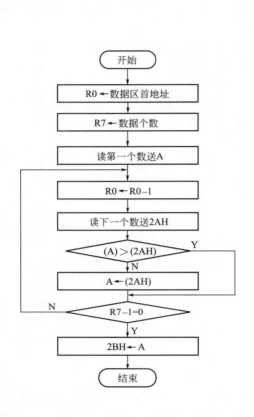

图 4-3　数据极值查找

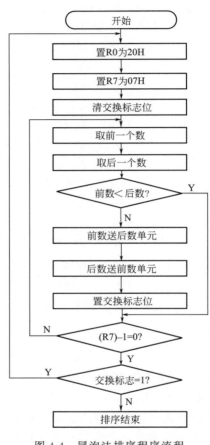

图 4-4　冒泡法排序程序流程

参考程序：

SORT：	MOV	R0，#20H	；数据存储区首单元地址
	MOV	R7，#07H	；各次冒泡比较次数
	CLR	TR0	；互换标志清"0"
LOOP：	MOV	A，@R0	；取前数
	MOV	2BH，A	；存前数
	INC	R0	
	MOV	2AH，@R0	；取后数
	CLR	C	
	SUBB	A，@R0	；前数减后数
	JC	NEXT	；前数小于后数，不互换
	MOV	@R0，2BH	
	DEC	R0	

```
            MOV     @R0，2AH          ; 两个数交换位置
            INC.    R0               ; 准备下一次比较
            SETB    TR0              ; 置互换标志
NEXT：      DJNZ    R7，LOOP          ; 返回，进行下一次比较
            JB      TR0，SORT         ; 返回，进行下一轮冒泡
HERE：      SJMP    $                ; 排序结束
```

其中，SETB　bit　　　; 置"1"bit 位

在十字路口交通灯控制中，用 SETB　P2.2 等来点亮需要点亮的灯。

可以调整各个时间参数改变交通灯闪动或点亮时间，如图 4-5 所示。

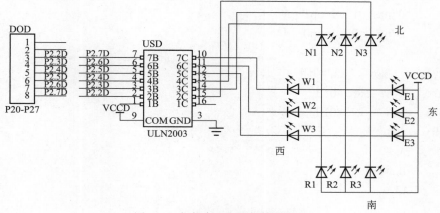

图 4-5　十字路口交通灯控制原理

```
Org 0000H
        Ajmp main
Org 0100H
Main:
        Mov     P2,#00h
ppp:    setb    p2.2
        Setb    p2.7
        lcall   Delay0
        Clr     p2.2
        Clr     p2.7
        Lcall   flash2
        Lcall   flash3
        Setb    p2.4
        Setb    p2.5
        Lcall   delay0
        Clr     p2.4
        Clr     p2.5
        Lcall   flash4
```

流水灯之循环移
位函数（SM）

```
            Lcall    flash3
            Sjmp     ppp
Delay0:     Mov    r0,#0ffH
loop0:      Mov    r1,#0f0H
loop1:      Mov    r2,#01H
loop2:      Nop
            Mov    A,#01H
            Mov    B,#01H
            Mul    AB
            Nop
            Djnz   r2,loop2
            Djnz   r1,loop1
            Djnz   R0,loop0
    Ret
Delay1:     Mov    R5,#0fH
loop7:      Mov    R6,#0fH
loop8:      Mov    R7,#01H
loop9:      Nop
Mov       A,#01H
Mov       B,#01H
Mul       AB
Nop
Djnz      R7,loop9
Djnz      R6,loop8
Djnz      R5,loop7
Ret
Flash2:
  Mov      R1,#0AH
  Loop4:   setb p2.2
  Setb     p2.7
  Lcall    delay1
  Clr      p2.2
  Clr      p2.7
  Lcall    delay1
  Djnz     R1,loop4
  Ret
  Flash3:
  Mov      R1,#0AH
  Loop5:   setb p2.3
  Setb     p2.6
  Lcall    delay1
```

```
        Clr     p2.3
        Clr     p2.6
        Lcall   delay1
        Djnz    R1,loop5
        Ret
        Flash4:
         Mov    R1,#0AH
         Loop6: setb p2.4
         Setb   p2.5
         Lcall  delay1
         Clr    p2.4
         Clr    p2.5
         Lcall  delay1
         Djnz R1,loop6
         Ret
       END
```

思考题

1. 什么是"伪指令"？伪指令与指令有什么区别？

2. 分析下述程序的功能。

```
X           EQU   30H
Y           EQU   32H
            MOV   A，X
            JNB   ACC.7，ZHENG
            CPL   A
            ADD   A，#01H
            SETB  ACC.7
ZHENG：      MOV   Y，A
```

3. 存放在内部 RAM 单元中的自变量 X 是一个符号数，试编程序求下述函数值并存放到内部 RAM 的 FUN 单元中：

$$Y=\begin{cases} X & X\geqslant 50 \\ 2X & 50>X\geqslant 20 \\ -2X & X<20 \end{cases}$$

4. 若晶振为 16MHz，试编制一个延时 5ms 的子程序。

5. 有一个巡回检测报警装置，需对 16 路输入进行检测，每路有一最大允许值，为双字节数。运行时，需根据测量的路数，找出每路的最大允许值，看输入值是否大于最大允许值，如大于就报警。根据上述要求，编一个查表程序。

取路数为 x(0x15)，y 为最大允许值，放在表格中。设进入查表程序前，路数 x 已放于 R2 中，查表后最大值 y 放于 R3R4 中。本例中的 x 为单字节数，y 为双字节数。

6. 从 2000H 地址单元开始，连续存有 200 个字节补码数，编写程序将它们改变为各自的绝对值。

7. 分别用数据传送指令和位操作指令编写程序，将内 RAM 位寻址区的 128 位单元全部清零。

在电机控制中应用中断

项目描述

　　利用中断与查询相结合方式、延时结构、循环结构，实现对 P1 口输入数值的中断查询。根据 P1 口输入的数值情况，分别实现 CPU 干预下的 PWM 波输出，P1 口数值 00H 对应 25％占空比输出，P1 口数值 01H 对应 50％占空比输出，P1 口数值 02H 对应 75％占空比输出，P1 口数值 03H 对应 100％占空比输出。利用子程序调用原理，实现 4 种占空比在 90.0 端口输出，控制照明灯的明暗程度或控制直流电机转速。

项目分析

　　首先应了解中断的概念，了解什么是中断与查询相结合方式，然后深入理解延时结构、循环结构的工作情况。

知识点

　　①中断的概念是在什么情况下产生的？
　　②什么是中断？中断的产生使程序设计产生了什么样的变化？
　　③51 系列单片机有多少个中断源？它们的作用是什么？
　　④中断优先级和中断相应时间的概念。
　　⑤如何使用中断相关寄存器配置中断的使用？

5.1 中断系统的概述

5.1.1 中断原理介绍

　　从一个生活中的例子引入中断的概念。你正在家中看书，突然电话铃响了，你放下书本，去接电话，和来电话的人交谈，然后放下电话，回来继续看你的书。这就是生活中的"中断"现象，即正常的工作过程被外部的事件打断了。生活中很多事件可以引起中断：有人按了门铃，电话铃响了，闹钟响了，烧的水开了……我们把可以引起中断的因素称之为中断源。单片机中也有一些可以引起中断的事件，如单片机外部中断、计数/定时器溢出中断、串行口中断、A/D 转换等。

　　CPU 正在执行程序时，单片机外部或内部发生的某一事件请求 CPU 迅速去处理，CPU

暂时中止当前的工作，转到中断服务处理程序处理所发生的事件。处理完该事件后，再回到原来被中止的地方，继续原来的工作，这称为中断。CPU 处理事件的过程，称为 CPU 的中断响应过程。引发中断的原因或者向 CPU 发出中断请求的来源称为中断源。能够实现中断处理功能的部件称为中断系统。

（1）中断的嵌套与优先级处理

设想一下，你正在看书，电话铃响了，同时又有人按了门铃，你该先做哪样呢？如果你正是在等一个很重要的电话，你一般不会去理会门铃的，反之，你正在等一个重要的客人，则可能就不会去理会电话了。如果不是这两者（既不等电话，也不是等人上门），你可能会按你通常的习惯去处理。总之，这里存在一个优先级的问题。单片机中也是如此，也有优先级的问题。优先级的问题不仅仅发生在两个中断同时产生的情况，也发生在一个中断已产生，又有一个中断产生的情况，比如你正接电话，有人按门铃的情况，或你正开门与人交谈，又有电话响了的情况。

（2）中断的响应过程

当有事件产生，进入中断之前，必须先记住现在看到书的第几页了，或拿一个书签放在当前页的位置，然后去处理不同的事情（因为处理完了，还要回来继续看书）。电话铃响了，要到放电话的地方去，门铃响，要到门那边去，也就是说不同的中断，要在不同的地点处理，而这个地点通常还是固定的。计算机中也是采用这种方法，5 个中断源，每个中断产生后都到一个固定的地方去找处理这个中断的程序，当然在去之前首先要保存下面将执行的指令的地址，以便处理完中断后回到原来的地方，继续往下执行程序。具体地说，中断响应可以分为以下几个步骤。

① 保护断点，即保存下一将要执行的指令的地址，就是把这个地址送入堆栈。

② 寻找中断入口。根据 5 个不一样的中断源所产生的中断，查找 5 个不一样的入口地址。以上工作是由计算机自动完成的，与编程者无关。在这 5 个入口地址处存放有中断处理程序（这是程序编写时放在那儿的，如果没把中断程序放在那儿，中断程序就不能被执行）。

③ 执行中断处理程序。

④ 中断返回。执行完中断指令后，从中断处返回到主程序，继续执行。

中断响应过程如图 5-1 所示。对事件的整个处理过程，称为中断处理（或中断服务）。

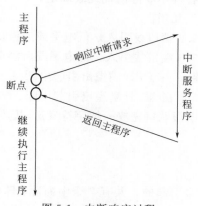

图 5-1　中断响应过程

5.1.2　使用中断的好处

① 实行分时操作，提高 CPU 的效率。只有当服务对象向 CPU 发出中断申请时才去为它服务，这样就可以利用中断功能同时为多个对象服务，从而大大提高了 CPU 的工作效率。

② 实现实时处理。利用中断技术，各个服务对象可以根据需要随时向 CPU 发出中断申

请，及时发现和处理中断请求并为之服务以满足实时控制的要求。比如定时的时间到了，就要 CPU 做相应的处理。

③ 进行故障处理。对难以预料的情况或故障，比如掉电事故等，可以向 CPU 发出请求中断，由 CPU 做出相应的处理。

5.2 单片机中断系统结构

89C51 单片机有 5 个中断源、2 个中断优先级，可两级嵌套。图 5-2 是 89C51 单片机的中断系统内部结构图。

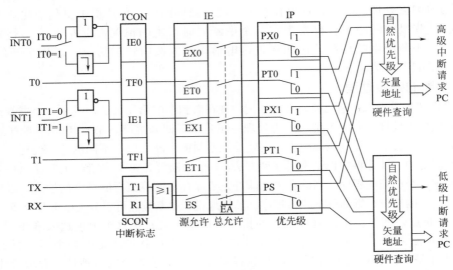

图 5-2 中断系统内部结构图

如图 5-2 所示，中断系统由与中断有关的特殊功能寄存器、中断入口、次序查询逻辑电路等组成，包括 5 个中断请求源，4 个用于中断控制的寄存器 IE、IP、TCON 和 SCON 来控制中断类型、中断的开关和各种中断源的优先级确定。

其中 5 个中断源分别为以下几项。

INT0：外部中断 0，由 P3.2 端口线引入，低电平或后沿负跳变有效。

INT1：外部中断 1，由 P3.3 端口线引入，低电平或后沿负跳变有效。

T0：定时器/计数器 0 中断，由 T0 计满溢出引起中断。

T1：定时器/计数器 1 中断，由 T1 计满溢出引起中断。

TI/RI：串行 I/O 中断，串行端口完成一帧字符发送/接收后引起中断。

5.2.1 中断源

(1) 外部中断源

外中断是单片机的外部信号引起的，共有 2 个中断源，即外中断 0 和外中断 1，它们的中断请求信号由 INT0 (P3.2) 和 INT1 (P3.3) 引入。在单片机的内部有一个特殊功能寄存器 TCON（定时控制中断寄存器），如表 5-1 所示，其中 D0~D3 四位与外中断有关。

① IT0：INT0 触发方式控制位，可由软件进和置位和复位。

IT0＝0，INT0 为低电平触发方式；

IT0＝1，INT0 为负跳变触发方式。

表 5-1　TCON 定时器/计数器的控制寄存器

	D7	D6	D5	D4	D3	D2	D1	D0	
TCON	TF1	TR1	TF0	TR0	IE1	IT1	IE0	IT0	88H
位地址	8FH	—	8DH	—	8BH	8AH	89H	88H	

② IE0：INT0 中断请求标志位。当有外部的中断请求时，该位就会置 1（由硬件来完成），在 CPU 响应中断后，由硬件将 IE0 清 0。

IT1、IE1 的用途和 IT0、IE0 相同。

（2）内部中断

即定时器 IT0 和定时器 IT1 中断与外中断一样，是由 TCON 中 D4～D7 四位控制的。TF0（TF1）是定时器 T0（T1）的溢出中断标记，当 T0（T1）计数器产生溢出时由硬件置位 TF0（TF1）。当 CPU 响应中断后，再由硬件将 TF0（TF1）自动清零。

（3）串行口中断

负责串行口的发送接收中断。当通过串行口发送或接收完一帧串行数据时，在单片机的内部有一个特殊功能寄存器 SCON（串行控制寄存器）与该串行中断有关。该寄存器的地址 98H，位地址 98H～9FH。格式如表 5-2 所示。

表 5-2　串行控制寄存器（SCON）

	D7	D6	D5	D4	D3	D2	D1	D0	
SCON	—	—	—	—	—	—	TI	RI	98H
位地址	—	—	—	—	—	—	99H	98H	

其中：

① TI 为串行口发送中断请求标志位；

② RI 为串行口接收中断请求标志位。

位串行口中断请求标志 TI 或 RI 置 1，请求中断处理。

5.2.2　中断控制系统中的特殊功能寄存器（SFR）

（1）中断允许寄存器 IE

中断的允许或禁止是由片内可进行位寻址的 8 位中断允许寄存器 IE 来控制的。允许中断，称为中断开放，不允许中断，称为中断屏蔽。即通过对 IE 的相应位的置 1 或清 0，就可实现对中断源的开放或屏蔽。

IE 寄存器的字节地址为 A8H，可位寻址，格式如表 5-3 所示。

表 5-3　中断允许寄存器 IE

	D7	D6	D5	D4	D3	D2	D1	D0	
IE	EA	—	—	ES	ET1	EX1	ET0	EX0	A8H
位地址	AFH	—	—	ACH	ABH	AAH	A9H	A8H	

IE 中各位的功能如下。

① EA：中断允许总控制位

0：CPU 屏蔽所有的中断请求（CPU 关中断）；

1：CPU 开放所有的中断（CPU 开中断）。

② ES：串行口中断允许位

　　0：禁止串行口中断；

　　1：允许串行口中断。

③ ET1：定时器/计数器 T1 的溢出中断允许位

　　0：禁止 T1 溢出中断；

　　1：允许 T1 溢出中断。

④ EX1：外部中断 1 中断允许位

　　0：禁止外部中断 1 中断；

　　1：允许外部中断 1 中断。

⑤ ET0：定时器/计数器 T0 的溢出中断允许位

　　0：禁止 T0 溢出中断；

　　1：允许 T0 溢出中断。

⑥ EX0：外部中断 0 中断允许位

　　0：禁止外部中断 0 中断；

　　1：允许外部中断 0 中断。

由上可见，89C51 单片机通过中断允许寄存器 IE 对中断的开放和屏蔽实行两级控制，即以 EA 位为总控制位，以各中断源的中断允许位为分控制位。它们是串联控制的，即只有当 EA 和分控制位都为"1"时，该中断才被开放。

89C51 单片机复位后，IE 清 0，所有中断请求被禁止，即所有的中断都处于两级禁止状态。若使某一个中断源被允许中断，除了 IE 相应的位被置"1"，还必须使 EA 位＝1。改变 IE 的内容，可由位操作指令来实现，即：

　　　　SETB bit；

　　　　CLR bit；

另一方面，CPU 响应中断后不会自动关闭开放的中断，因此在转入中断服务程序后，应根据需要将中断关闭。

【例 5-1】　若要设置 T1 允许、INT1 允许、其他不允许，则 IE 应该是 10001100，即 8CH，对 IE 寄存器各位的设置如表 5-4，用位操作指令来实现对 IE 的设置。

　　位操作指令：SETB EA

　　　　　　　　SETB ET1

　　　　　　　　SETB EX1

表 5-4　IE 寄存器各位的设置

EA	—	—	ES	ET1	EX1	ET0	EX0
1	0	0	0	1	1	0	0

【例 5-2】　若允许片内 2 个定时器/计数器中断，禁止其他中断源的中断请求。编写设置 IE 的相应程序段。

　　① 用位操作指令来编写如下程序段：

```
CLR    ES      ;禁止串行口中断
CLR    EX1     ;禁止外部中断1中断
CLR    EX0     ;禁止外部中断0中断
SETB   ET0     ;允许定时器/计数器T0中断
SETB   ET1     ;允许定时器/计数器T1中断
SETB   EA      ;CPU开中断
```

② 用字节操作指令来编写：

    MOV   IE，#8AH

或

    MOV 0A8H，#8AH   ；A8H为IE寄存器字节地址

（2）中断优先级控制寄存器（IP）

单片机系统中通常有多个中断源，它们的中断请求是随机提出的，有时会出现多个中断源同时提出中断请求的情况，即多中断源并发，但是，CPU在某一时刻只能处理一个中断。因此需要把中断源按轻重缓急安排优先顺序，以便中断系统能够判别出最急待处理的请求，使之优先得到响应和处理。

单片机执行中断的过程和生活中的中断有些类似，它有一个自然优先级与人工优先级的问题。5个中断源的自然优先级由高到低排列顺序为外中断0、定时器0、外中断1、定时器1、串口中断。如果不人为设置优先级，单片机就按照此顺序不断地循环检查各个中断标志。编程者可以设定哪些中断是高优先级，哪些中断是低优先级。但是因为只有两级，所以必然只有一些中断处于高优先级别，而其他的中断则处于同一级别。处于同一级别的中断顺序则由自然优先级来确定。

中断优先级的控制原则如下。

① 当多个中断源同时申请中断时，CPU首先响应优先级最高的中断请求，在优先级最高的中断处理完后，再响应级别较低的中断。

② 当CPU正在处理中断时，若出现更高级别的中断请求，CPU暂停正进行的中断处理去处理更高级别的中断处理，处理完毕后再回到原中断程序。这种现象称为中断嵌套。

③ 当CPU正在处理中断时，较低级别的或同级的中断服务被禁止。

④ 当同级的多个中断请求同时出现时，则按CPU的自然优先级确定哪个中断请求被响应。

人工设置优先级是通过中断优先级控制器IP进行设定。IP寄存器地址为0B8H，位地址0B8H～0BFH，其格式如表5-5所示。

表5-5　中断优先级控制器IP格式

	D7	D6	D5	D4	D3	D2	D1	D0	
IP	—	—	—	PS	PT1	PX1	PT0	PX0	0B8H
位地址	—	—	—	BCH	BBH	BAH	B9H	B8H	

IP各个位的含义如下。

① PS——串行口中断优先级控制位

    1：高优先级中断；

    0：低优先级中断。

② PT1——定时器T1中断优先级控制位

    1：高优先级中断；

    0：低优先级中断。

③ PX1——外部中断1中断优先级控制位

    1：高优先级中断；

    0：低优先级中断。

④ PT0——定时器T0中断优先级控制位

    1：高优先级中断；

0：低优先级中断。

⑤ PX0——外部中断 0 中断优先级控制位

1：高优先级中断；

0：低优先级中断。

【例 5-3】 设置 IP 寄存器的初始值，使 2 个外中断请求为高优先级，其他中断请求为低优先级。

① 用位操作指令

```
SETB   PX0        ；2 个外中断为高优先级
SETB   PX1
CLR    PS         ；串口为低优先级中断
CLR    PT0        ；2 个定时器/计数器低优先级中断
CLR    PT1
```

② 用字节操作指令

```
MOV   IP，#05H
```
或
```
MOV   0B8H，#05H   ；0B8H为IP寄存器的字节地址
```

5.3　中断响应

5.3.1　中断响应条件

① IE 寄存器中的中断总允许位 EA＝1。

② 该中断源发出中断请求，即该中断源对应的中断请求标志为"1"。

③ 该中断源的中断允许位＝1，即该中断没有被屏蔽。

④ 无同级或更高级中断正在被服务。

⑤ 当前指令周期结束，如果查询中断请求的机器周期不是当前指令的最后一个周期，则不行。

⑥ 若现行指令是 RETI、RET 或访问 IE、IP 指令，则需要执行到当前指令及下一条指令方可响应。

直流电机控制实验

5.3.2　中断响应过程

CPU 响应中断时，首先把当前指令的下一条指令（就是中断返回后将要执行的指令）地址（断点地址）送入堆栈，然后根据中断标记，硬件执行跳转指令，转到相应的中断源入口处，执行中断服务程序。当遇到 RETI 中断返回指令时，返回到断点处继续执行程序。这些工作都是由硬件自动来完成的。

① 置位中断优先级有效触发器，即关闭同级和低级中断。

② 调用入口地址，断点入栈，产生长调用指令 LCALL。根据不同的中断源，把程序的执行转到相应的中断程序入口。各中断的入口地址如表 5-6 所示。中断入口地址又称为中断向量。

③ 进入中断服务程序。

5.3.3　中断响应时间

中断的最短响应时间为 3 个机器周期：

① 中断请求标志位查询占 1 个机器周期；

表 5-6　中断程序入口地址表

中断源	入口地址
外部中断 0	0003H
外部中断 1	000BH
定时器/计数器 T0	0013H
定时器/计数器 T1	001BH
串行口中断	0023H

② 子程序调用指令 LCALL 转到相应的中断服务程序入口，需 2 个机器周期。

外部中断响应的最长响应时间为 8 个机器周期：

① 发生在 CPU 进行中断标志查询时，刚好是开始执行 RETI 或是访问 IE 或 IP 的指令，则需把当前指令执行完再继续执行一条指令后，才能响应中断，最长需 2 个机器周期；

② 接着再执行一条指令，按最长指令（乘法指令 MUL 和除法指令 DIV）来算，也只有 4 个机器周期；

③ 加上硬件子程序调用指令 LCALL 的执行，需要 2 个机器周期。

一般情况下，中断响应时间在 3~8 个机器周期，若已知单片机晶振频率，可计算出绝对时间。一般情况下，中断响应时间无需考虑，只有在精确定时的应用场合才要精确计算。

5.4　外部中断方式的选择

外部中断有两种触发方式：电平触发方式和跳沿触发方式。

5.4.1　电平触发方式

CPU 在每个机器周期都采样到外部中断输入线的电平。在中断服务程序返回之前，外部中断请求输入必须无效（即变为高电平），否则 CPU 返回主程序后会再次响应中断。

适用于外中断以低电平输入且中断服务程序能清除外部中断请求（即外部中断输入电平又变为高电平）的情况。

5.4.2　脉冲触发方式

连续两次采样，一个机器周期采样到外部中断输入为高，下一个机器周期采样为低，则置"1"中断请求标志，直到 CPU 响应此中断时，该标志才清 0。这样不会丢失中断，但输入的负脉冲宽度至少保持 1 个机器周期。

5.5　中断程序设计

使用单片机中断功能时，必须首先在主程序中进行中断初始化，以对各中断工作方式加以有效控制，同时设计好实现中断服务功能的中断处理程序。

步进电机模拟实验

5.5.1　中断初始化程序

中断初始化内容主要包括：通过设置 TCON、SCON、IE、IP 等特殊功能寄存器选择中断触发方式、开中断设置、设定中断优先等级。另外，还常需要对中断服务程序中使用到的堆栈等进行重新设置。

【例 5-4】 假设允许外部中断 0 中断，并设定它为高级中断，其他中断源为低级中断，采用跳沿触发方式。在主程序中编写如下初始化程序段：

```
SETB    EA              ；CPU开中断
SETB    EX0             ；允许外中断0产生中断
SETB    PX0             ；外中断0为高级中断
SETB    IT0             ；外中断0为跳沿触发方式
```

5.5.2 中断服务程序

(1) 中断服务程序设计的任务

① 设置中断允许控制寄存器 IE。

② 设置中断优先级寄存器 IP。

③ 对外中断源，是采用电平触发还是跳沿触发。

④ 编写中断服务程序，处理中断请求。

前两条一般放在主程序的初始化程序段中。

(2) 采用中断时的主程序结构

常用的主程序结构如下。

```
        ORG     0000H
        LJMP    MAIN
        ORG     中断入口地址
        LJMP    INT
            ⋮
        ORG     XXXXH
    MAIN ：主程序
     INT ：中断服务程序
```

说明 中断处理程序的第一句常为跳转指令，因为相邻两个中断服务程序入口之间只有 8 个字节空间，那么只有长度不大于 8 个字节时才可直接写入其中，否则须在中断服务程序入口地址处写入无条件跳转指令，将程序转移到其外的另一区间，以免和下一个中断相冲突。

(3) 中断服务程序的流程

中断服务程序从入口地址开始执行，直到返回指令"RETI"为止，这个过程称为中断服务（中断处理），其流程图如图 5-3 所示。

【例 5-5】 根据图 5-3 的中断服务程序流程，编出中断服务程序。假设现场保护只需将 PSW 和 A 的内容压入堆栈中保护。

典型的中断服务程序如下。

```
INT：CLR    EA          ；CPU关中断
    PUSH   PSW          ；现场保护
    PUSH   ACC          ；
    SETB   EA           ；CPUG开中断
    中断处理程序段
    CLR    EA           ；CPU关中断
    POP    ACC          ；现场恢复
    POP    PSW
    SETB   EA           ；CPU开中断
    RETI                ；中断返回，恢复断点
```

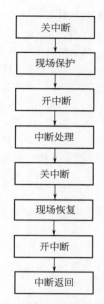

图 5-3　中断服务程序流程图

思考题

1. 填空题

(1) 89C51 有_____个中断源？各中断源的中断服务程序入口地址分别是_____。

(2) 89C51 中断系统有_____个优先级，它们是由_____控制的。

(3) 外中断有_____种请求方式。

(4) CPU 在执行同级或更高优先级中断服务程序的条件下，中断响应等待时间最少需要_____个时钟周期。

(5) 在 89C51 系统中，要求允许外部中断、允许串行口中断，中断控制寄存器 TCON＝_____，两个中断过程中_____的优先级高？如果要求串行口的优先级高于外部中断，优先级寄存器 IP＝_____。

2. 选择题

(1) INTEL89C51 单片机共有 (　　) 个中断源。

    A. 4　　　　　　　　B. 5　　　　　　　　C. 6　　　　　　　　D. 7

(2) INTEL89C51 单片机共有 (　　) 个中断优先级。

    A. 2　　　　　　　　B. 3　　　　　　　　C. 4　　　　　　　　D. 5

(3) 外部中断源 IE1（外部中断 1）的向量地址为 (　　)。

    A. 0003H　　　　　　B. 000BH　　　　　　C. 0013H　　　　　　D. 002BH

(4) 中断是一种 (　　)。

    A. 资源共享技术　　B. 数据转换技术　　C. 数据共享技术　　D. 并行处理技术

(5) 中断服务程序的起始地址为 0013H，说明是 (　　) 产生的中断。

    A. 外中断 INT0　　　　　　　　　　　B. 定时/计数器 T1

    C. 串行通信口　　　　　　　　　　　D. 外中断 INT1

(6) 外部中断 INT0 的中断请求标志是 (　　)。

    A. IE0＝1　　　　　B. IE1＝1　　　　　C. IT0＝1　　　　　D. IT1＝1

(7) 对于外部中断，若采用边沿触发方式，则需要（　　）。

    A. IE0＝1　　　　　B. IT1＝1　　　　　C. IE0＝0　　　　　D. IT1＝0

(8) 若允许外部中断 0 和串行口中断，则中断控制寄存器应设置为（　　）。

    A. 91H　　　　　　B. 92H　　　　　　C. 11H　　　　　　D. 12H

(9) 开放外部中断 INT0，必须首先设置（　　）寄存器。

    A. IE　　　　　　B. IP　　　　　　C. TCON　　　　　D. SCON

(10) 中断返回指令是（　　）。

    A. RET　　　　　B. RETI　　　　　C. LJMP MAIN　　D. RETURN

(11) 允许外部中断 0 和串行口中断，若要求串行口的优先级高于外部中断 0，则 IP 为（　　）。

    A. 90H　　　　　　B. 91H　　　　　　C. 09H　　　　　　D. 10H

(12) 中断返回 RETI 完成以下工作（　　）。

    A. 将断点地址从堆栈弹出　　　　　　　B. 将累加器 A 内容恢复

    C. 恢复状态寄存器 PSW 的值　　　　　D. 将断点地址弹出到 DPTR

(13) ORG　　0003H

    LJMP　2000H

    ORG　　000BH

    LJMP　3000H

当 CPU 响应外部中断 0 后，PC 的值是（　　）。

    A. 0003H　　　　　B. 2000H　　　　　C. 000BH　　　　　D. 3000H

3. 简答题

(1) 说明外中断请求的查询和响应的过程。

(2) 为什么 89C51 单片机在执行 RETI 或访问 IE、IP 指令时，不能立即响应中断？

(3) 什么叫保护现场？需要保护哪些内容？什么叫恢复现场？恢复现场与保护现场有什么关系？需遵循什么原则？

(4) 简述外中断的触发方式以及电平触发方式时，如何防止重复响应外中断？

(5) 什么叫中断嵌套？中断嵌套有什么限制？中断嵌套与子程序有什么区别？

(6) 中断初始化包括哪些内容？

(7) 为什么一般情况下，在中断入口地址区间要设置一条跳转指令，转移到中断服务程序的实际入口处？

4. 编程题

(1) 试编写一段对中断系统初始化程序，使之允许 $\overline{INT0}$、$\overline{INT1}$、T0 和串行口中断，且使 $\overline{INT1}$ 中断为高优先级中断。

(2) 用 $\overline{INT0}$ 中断方法实现两种方案的流水灯（P1 口驱动 8 只流水灯发光）。

(3) 用 $\overline{INT0}$ 中断方法实现交通灯两种控制方案的转换。

电机转速控制与定时器/计数器

项目描述

　　设定定时器/计数器 0（TMR0）工作在定时器状态，定时器/计数器 1（TMR1）工作在计数器状态，利用 TMR0 溢出中断功能实现计时器/计数器与中断结合的功能，记录单位时间内输入脉冲的个数，经过编程计算，实时记录电机转速。输入脉冲由实训设备上的直流电机、编码盘和光电传感器产生，经计数器 TMR1 输入口输入。

项目分析

　　T0 设置成 16 位计时器工作方式，根据实际需要设置初值，利用 T0 溢出中断，产生计时标准时间。T1 设置成 16 位计数器工作方式，在 T0 产生溢出中断的中断服务程序中换算出电机转速值，实时将电机实际转速值输出到 40H、41H、42H 保存。输入脉冲由直流电机、编码盘和光电传感器（霍尔传感器）产生，经计数器输入口输入。

知识点

　　① T0、T1 工作方式有哪些？功能是如何实现的？
　　② 如何计算计时器的初始值？16 位计时器系统时钟固定时，最大可计时值是多少？
　　③ 如何设置各寄存器完成特定的任务。

　　在工业检测、控制中，常常要用到计数或定时功能，如定时检测、定时扫描、定时中断等。89C51 单片机内有两个专门可编程的定时器/计数器 T1、T0，以满足这方面的需要，它们不仅可以实现定时功能，还可以对外部脉冲进行计数。定时器/计数器进行定时/计数工作，无需 CPU 的参与而独立进行，这样就解放了 CPU，提高了工作效率和系统功能，也简化了系统的设计。

6.1　定时器/计数器工作原理及结构

　　单片机定时器/计数器的核心部件是加 1 计数器，由有控制技术的特殊功能寄存器及电路组成。89C51 单片机内有两个可编程的定时器/计数器，

定时/计数器
的工作原理

每个都具有定时/计数两种功能，其工作原理如图 6-1 所示。

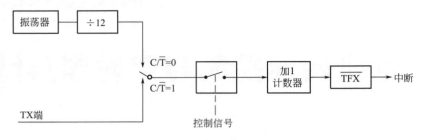

图 6-1   定时器/计数器原理图

（1）计数功能

当 C/$\overline{\text{T}}$＝1 时，计数器与单片机外输入信号引脚 T0 或 T1（即 P3.4、P3.5）接通，此时，计数器对 T0 或 T1 引脚输入的外部脉冲信号进行计数（负跳变触发），定时器/计数器以计数模式工作，即每当外部输入的脉冲发生负跳变时，计数器加 1。

CPU 每个机器周期检测一次引脚。为确保外来信号被检测到，计数方式下输入脉冲的高、低电平状态各要维持 1 个机器周期以上的时间，脉冲周期必须大于 2 个机器周期，即外来脉冲信号的频率必须不高于振荡频率的 1/24。

（2）定时功能

当 C/$\overline{\text{T}}$＝0 时，计数器的输入脉冲来自单片机的内部，每个机器周期产生一个脉冲，也就是每个机器周期使寄存器加 1。

如果单片机采用 12MHz 晶体，则计数器频率为 1MHz（1 个机器周期等于 12 个振荡周期），即每过 1μs，时间计数器加 1。这样可以根据计算值计算出定时时间，也可以根据定时时间的要求计算出计数器的初值。当定时器/计数器为定时工作方式时，计数器的加 1 信号由振荡器的 12 分频信号产生，即每过 1 个机器周期，计数器加 1，直至计满溢出为止。显然，定时器的定时时间与系统的振荡频率有关。

如果已知晶体振荡频率，计算计数频率的公式如下：

$$1 个振荡周期＝1/振荡频率$$
$$1 个机器周期＝12 个振荡周期$$
$$1 个计数脉冲所用的时间＝1 个机器周期$$
$$计数频率＝1/1 个计数脉冲所用的时间$$

从图 6-1 中可以得出这样的结论，只要计数脉冲的间隔相等，那么计数值就代表了时间的流逝。其实单片机中的定时器和计数器是同一个东西，只不过计数器记录的是外界发生的事情，而定时器则是由单片机提供一个非常稳定的计数源，然后把计数源的计数次数转化为定时器的时间。图中的 C/$\overline{\text{T}}$ 开关就是起这个作用。提供给定时器的计数源是由单片机的晶振经过 12 分频后获得的一个脉冲源，因为晶振的频率是很准的，所以这个计数脉冲的时间间隔当然也很准。

6.1.1   定时器/计数器结构

单片机的定时器/计数器结构如图 6-2 所示，定时器/计数器 T0 由特殊功能寄存器 TH0、TL0 构成，定时器/计数器 T1 由特殊功能寄存器 TH1、TL1 构成。

16×16LED 点阵
显示实验

特殊功能寄存器 TMOD 用于选择定时器/计数器 T0、T1 的工作模式和工作方式。TCON 用于控制 T0、T1 的启动和停止计数，同时包含了 T0、T1 的状态。TMOD、TCON 这两个寄存器的内容由软件设置。单片机复位时，两个寄存器的所有位都被清"0"。

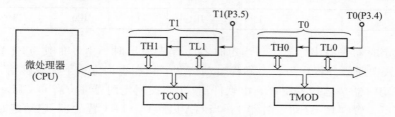

图 6-2　定时器/计数器结构

6.1.2　定时器/计数器控制寄存器

定时器/计数器 T0 和 T1 有两个控制寄存器 TMOD 和 TCON，分别用来设置各个定时器/计数器的工作方式，选择定时或计数功能，控制启动运行，以及作为运行状态的标志等。

（1）工作方式控制寄存器（TMOD）

工作方式控制寄存器 TMOD 在特殊功能寄存器中，字节地址为 89H，无位地址。它用于设定定时器/计数器的工作模式。TMOD 的格式如表 6-1 所示。

表 6-1　工作方式控制寄存器（TMOD）格式

高 4 位控制 T1				低 4 位控制 T0			
门控位	计数/定时方式选择	工作方式选择		门控位	计数/定时方式选择	工作方式选择	
G	C/$\overline{T}$	M1	M0	G	C/$\overline{T}$	M1	M0

由表 6-1 可见，TMOD 的高 4 位控制 T1，低 4 位控制 T0，各位含义如下。

① GATE　门控制位。

当 GATE＝1 时，定时器受外部脉冲的控制，只有引脚为高电平且 TR0 或 TR1 置 1 时，相应的定时器/计数器才被选通工作，这时可用于测量出现的正脉冲宽度。

当 GATE＝0 时，只要 TR0 和 TR1 置 1，定时器/计数器就被选通，而不管电平是高还是低。

② C/$\overline{T}$　定时器/计数器选择位。C/$\overline{T}$＝1，为计数器方式；C/$\overline{T}$＝0，为定时器方式。不设置默认为 0。

③ M1、M0　工作方式选择位。定时器/计数器的 4 种工作方式由 M1、M0 设定，如表 6-2 所示。

表 6-2　定时器/计数器工作方式选择

M1	M0	工作方式	功能描述
0	0	工作方式 0	13 位计数器，最大计数 8192
0	1	工作方式 1	16 位计数器，最大计数 65536
1	0	工作方式 2	自动再装入 8 位计数器，最大计数 256
1	1	工作方式 3	定时器 0：分成两个 8 位计数器；定时器 1：停止计数

（2）定时器控制寄存器（TCON）

定时器控制寄存器 TCON 在学习情境五中讲过。TCON 的字节地址为 88H，可进行位寻址，位地址为 88H～8FH。TCON 格式如表 6-3 所示。

TCON 低 4 位与外部中断 INT0、INT1 有关，已在中断中介绍。高 4 位与定时器/计数器 T0、T1 有关。

表 6-3   定时器控制寄存器（TCON）格式

	D7	D6	D5	D4	D3	D2	D1	D0	
TCON	TF1	TR1	TF0	TR0	IE1	IT1	IE0	IT0	88H

① TF1   定时器 1 溢出标志位。当定时器 1 计满溢出时，由硬件使 TF1 置"1"，并且申请中断。进入中断服务程序后，由硬件自动清"0"，在查询方式下用软件清"0"。

② TR1   定时器 1 运行控制位。由软件清"0"关闭定时器 1。当 GATE＝1，且 INT1 为高电平时，TR1 置"1"启动定时器 1；当 GATE＝0，TR1 置"1"启动定时器 1。

③ TF0   定时器 0 溢出标志。其功能及操作情况同 TF1。

④ TR0   定时器 0 运行控制位。其功能及操作情况同 TR1。

6.2   定时器/计数器工作方式

每个定时器/计数器都是一个 16 位的寄存器，在被访问时以两个字节的形式出现：一个低字节（TL0 或 TL1）和一个高字节（TH0 或 TH1）。定时器/计数器控制寄存器（TCON）用于允许定时器 0 和定时器 1 以及指示它们的状态。这两个定时器/计数器都有四种工作方式，通过设置定时器/计数器方式寄存器（TMOD）中的方式选择位 M1、M0 来选择工作方式。每个定时器都可以被独立编程。下面对每种工作方式进行详细说明。

6.2.1   方式 0：13 位定时器/计数器

当 M1、M0 为 00 时，定时器/计数器被设置为工作方式 0。这种方式是 13 位计数器，由 TL0 低 5 位和 TH0 高 8 位组成，TL0 低 5 位计数满时不向 TL0 第 6 位进位，而是向 TH0 进位，13 位计满溢出，TF0 置"1"。最大计数值 $2^{13}＝8192$。方式 0 下定时器/计数器的逻辑结构如图 6-3 所示。

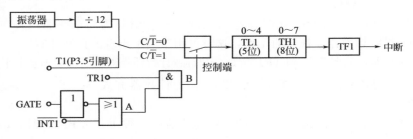

图 6-3   定时器/计数器的工逻辑结构框图

（1）C/T̄ 位决定工作模式

① 当 C/T̄＝0 时，开关打在上面，控制开关接通内部振荡器，T0 对机器周期进行计数。设计数初值为 X，其定时时间为：

$$t＝(2^{13}－X)×机器周期$$

② 当 C/T̄＝1 时，开关打在下面，控制开关接通外部输入信号。当外部信号电平从"1"到"0"跳变时，加 1 计数器加 1，处于计数工作方式。

（2）GATE 位的状态

GATE 位的状态决定定时器/计数器运行控制取决于 TRX 一个条件还是 TRX 和 INTX 引脚这两个条件。

① 当 GATE=0 时，A 点如图电位恒为 1，B 点的电位取决于 TRX 状态。TRX=1，B 点为高电平，控制端控制电子开关闭合，计数器脉冲加到 T1 或 T0 引脚，允许 T1 或 T0 计数。TRX=0，B 点为低电平，电子开关断开，禁止 T1 或 T0 计数。

② 当 GATA=1 时，B 点电位由 INTX 的输入电平和 TRX 的状态确定，当 TRX=1 且 INTX=1（X=1，0）时，B 点才为 1，控制端控制电子开关闭合，允许定时器/计数器计数，故这种情况下计数控制是由 TRX 和 INTX 两个条件控制。

6.2.2　方式 1：16 位定时器/计数器

当 M1、M0 为 01 时，定时器/计数器工作于方式 1。方式 1 的操作与方式 0 完全一样，所不同的是定时器/计数器使用全部 16 位，用与方式 0 相同的方法允许和控制工作在方式 1 的定时器/计数器。该方式下设计数初值为 X，则定时时间为：

$$t = (2^{16} - X) \times 机器周期$$

6.2.3　方式 2：8 位自动重装载的定时器/计数器

方式 0 和方式 1 的最大特点是计数溢出后，计数器为全 0，因此在循环定时或循环计数应用时就存在反复用软件设置计数初值的问题。这不仅影响定时精度，而且也给程序设计带来麻烦。方式 2 就是针对此问题而设置的。

当 M1、M0 为 10 时，定时器/计数器处于工作方式 2。方式 2 将定时器 0 和定时器 1 配置为具有自动重新装入计数初值能力的 8 位计数器/定时器。TL0 保持计数值，而 TH0 保持重载值。当 TL0 中的计数值发生溢出（从全"1"到 0×00）时，定时器溢出标志 TF0（TCON.5）被置位，TH0 中的重载值被重新装入到 TL0。如果中断被允许，在 TF0 被置位时将产生一个中断，TH0 中的重载值保持不变。为了保证第一次计数正确，必须在允许定时器之前将 TL0 初始化为所希望的计数初值。当工作于方式 2 时，定时器 1 的操作与定时器 0 完全相同。在方式 2，定时器 0 和 1 的允许和配置方法与方式 0 一样。方式 2 下定时器/计数器的逻辑结构如图 6-4 所示。

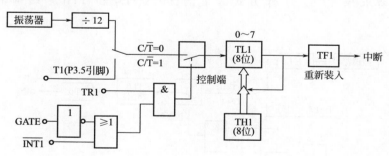

图 6-4　方式 2（8 位重装载）下定时器/计数器结构框图

TLX（X=0，1）作为常数缓冲器，当 TLX 计数溢出时，在置"1"溢出标志 TFX 的同时，还自动地将 THX 中的初值送至 TLX，使 TLX 从初值开始重新计数。定时器/计数器的方式 2 工作过程如图 6-5 所示。

方式 2 下单片机省去了用户软件中重装初值的程序，这样不但使用方便，而且定时更精准。但因为是 8 位计数，计数最大值为 256，因此定时时间较短。该方式下设计数初值为 X，则定时时间为：

$$t = (2^8 - X) \times 机器周期$$

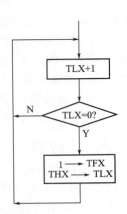

图 6-5　定时器/计数器的方式 2 工作过程

6.2.4　方式 3：两个 8 位定时器/计数器（仅定时器 0）

(1) 工作方式 3 下 T0 的工作原理

当 M1、M0 为 11 时，定时器/计数器处于工作方式 3，增加了一个附加的 8 位定时器/计数器，从而具有 3 个定时器/计数器。方式 3 仅适用于 T0，T1 无方式 3。T1 方式 3 时，相当于 TR1＝0，停止计数（此时 T1 可用来作串行口波特率产生器）。

当定时器 T0 工作在方式 3 时，将 16 位的计数器分为两个独立的 8 位计数器 TH0 和 TL0。其中 TL0 功能与方式 0 或 1 完全相同，既可以用来计数，也可以用来定时。一般 TL0 用来作为 T0 的控制信号（TR0、TF0），TH0 用来作为 T1 的控制信号（TR1、TF1）。

TL0 使用 T0 的状态控制位 C/T、GATE、TR0，而 TH0 被固定为一个 8 位定时器（不能作外部计数模式），并使用定时器 T1 的状态控制位 TR1 和 TF1，同时占用定时器 T1 的中断请求源 TF1。工作方式 3 下的 T0（TL0 和 TH0）结构框图如图 6-6 所示。

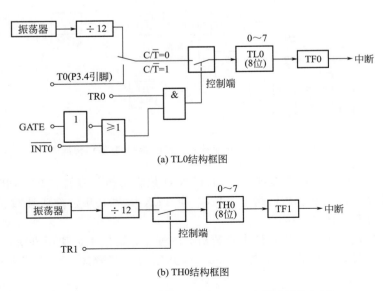

(a) TL0结构框图

(b) TH0结构框图

图 6-6　方式 3 下的两个 8 位定时器/计数器结构框图

（2）T0 工作在方式 3 下 T1 的各种工作方式

T0 处于方式 3 时，T1 可定为方式 0、方式 1 和方式 2，用来作为串行口的波特率发生器，或不需要中断的场合。

① T1 工作在方式 0，如图 6-7 所示。

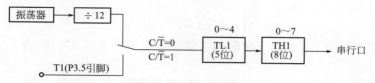

图 6-7　T0 工作在方式 3 下，T1 以工作方式 0 作为
波特率发生器结构框图

② T1 工作在方式 1，如图 6-8 所示。

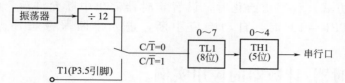

图 6-8　T0 工作在方式 3 下，T1 以工作方式 1 作为
波特率发生器结构框图

③ T1 工作在方式 2，如图 6-9 所示。

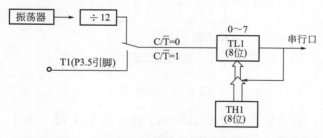

图 6-9　T0 工作在方式 3 下，T1 以工作方式 2 作为
波特率发生器结构框图

6.2.5　定时器/计数器的定时/计数范围

工作方式 0 下，13 位定时/计数方式，最多可以计到 2^{13}，也就是 8192 次。

工作方式 1 下，16 位定时/计数方式，最多可以计到 2^{16}，也就是 65536 次。

工作方式 2 和工作方式 3 下，都是 8 位的定时/计数方式，最多可以计到 2^8，即 256 次。

6.3　单片机定时器/计数器的应用

6.3.1　定时器/计数器的编程和使用方法

（1）可编程器件在使用前需要进行初始化

① 确定 TMOD 控制字。编程时将控制字送 TMOD。

② 计算计数器的计数初值。编程时将计数初值送 THX、TLX（X＝0，1）。

③ 开中断（如果使用中断方式）。编程设置位 EA、ETX（X＝0，1）。

④ TRX（X＝0，1）位置位，控制定时器的启动和停止。

（2）初值的计算

① 计数器初值。设工作方式下计数最大值为 M，所需计数值为 C，计数初值设定为 X，则：

$$X = M - C (M = 2^{13}, 2^{16}, 2^8)$$

② 定时器初值。设工作方式下定时最大值为 M，需要的定时时间为 t，计数初值设定为 X，则：

$$X = M - t/T (机器周期)$$

（3）编程方式

① 采用查询方式。程序一直检测 TF0（TF1），若 TF0＝1（TF1＝1），说明定时时间到或计满数，需要软件清除溢出标志位 TFX。

② 采用中断方式。程序初始化时，设置定时器溢出中断允许后，内部硬件自动检测到 TF0＝1（TF1＝1）时，自动响应中断，进入中断服务程序。由硬件自动清除 TFX。

6.3.2　定时器/计数器的应用实例

【例6-1】　假设系统时钟频率采用 6MHz，要在 P1.0 上输出一个周期为 2ms 的方波，如图 6-10 所示。

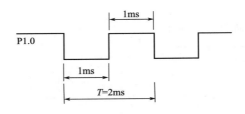

图 6-10　例6-1 图

方波的周期用 T0 来确定，让 T0 每隔 1ms 计数溢出 1 次（每 1ms 产生一次中断），CPU 响应中断后，在中断服务程序中对 P1.0 取反。

（1）计算初值 X

设初值为 X，则有：

$$(2^{16} - X) \times 2 \times 10^{-6} = 1 \times 10^{-3}$$

$$2^{16} - X = 500 \qquad X = 65036$$

X 化为十六进制，即 $X = $ FE0CH $= 1111111000001100$B。

所以，T0 的初值为：

$$TH0 = 0FEH \qquad TL0 = 0CH$$

（2）初始化程序设计

对寄存器 IP、IE、TCON、TMOD 的相应位进行正确设置，将计数初值送入定时器中。

（3）程序设计

中断服务程序除产生方波外，还要注意将计数初值重新装入定时器中，为下一次中断做准备。

参考程序如下：

```
          ORG     0000H
RESET:   AJMP    MAIN            ; 转主程序
          ORG     000BH          ; T0 的中断入口
          AJMP    ITOP           ; 转 T0 中断处理程序 ITOP
          ORG     0100H
MAIN:    MOV     SP,#60H        ; 设堆栈指针
          MOV     TMOD,#01H      ; 设置 T0 为方式 1
          ACALL   PT0MO          ; 调用子程序 PT0MO
HERE:    AJMP    HERE           ; 自身跳转
PT0MO:   MOV     TL0,#0CH       ; T0 中断服务程序，T0 重新置初值
          MOV     TH0,#0FEH
          SETB    TR0            ; 启动 T0
          SETB    ET0            ; 允许 T0 中断
          SETB    EA             ; CPU 开中断
          RET
ITOP:    MOV     TL0,#0CH       ; T0 中断服务子程序，T0 置初值
          MOV     TH0,#0FEH
          CPL     P1.0           ; P1.0 的状态取反
          RETI
```

查询方式的参考程序：

```
          MOV     TMOD,#01H      ; 设置 T0 为方式 1
          SETB    TR0            ; 启动 T0
LOOP:    MOV     TH0,#0FEH      ; T0 置初值
          MOV     TL0,# 0CH
LOOP1：  JNB     TF0,LOOP1      ; 查询 TF0 标志
          CLR     TR0            ; T0 溢出，关闭 T0
          CPL     P1.0           ; P1.0 的状态求反
          SJMP    LOOP
```

【例 6-2】 假设系统时钟为 6MHz，编写定时器 T0 产生 1s 定时的程序。

（1）T0 工作方式的确定

定时时间较长，采用哪一种工作方式？由各种工作方式的特性可计算出：方式 0 最长可定时 16.384ms；方式 1 最长可定时 131.072ms；方式 2 最长可定时 512μs。

选方式 1，每隔 100ms 中断一次，中断 10 次为 1s。

（2）计算计数初值

因为：
$$(2^{16} - X) \times 2 \times 10^{-6} = 10^{-1}$$

所以：
$$X = 15536 = 3CB0H$$
$$TH0 = 3CH，TL0 = B0H$$

（3）10 次计数的实现

采用循环程序法。

（4）程序设计

参考程序如下。

```
        ORG     0000H
RESET:  LJMP    MAIN            ; 通电, 转主程序入口 MAIN
        ORG     000BH           ; T0 的中断入口
        LJMP    ITOP            ; 转 T0 中断处理程序 ITOP
        ORG     1000H
MAIN:   MOV     SP, #60H        ; 设堆栈指针
        MOV     B, #0AH         ; 设循环次数 10 次
        MOV     TMOD, #01H      ; 设 T0 工作在方式 1
        MOV     TL0, #0B0H      ; 给 T0 设初值
        MOV     TH0, #3CH
        SETB    TR0             ; 启动 T0
        SETB    ET0             ; 允许 T0 中断
        SETB    EA              ; CPU 开放中断
HERE:   SJMP    HERE            ; 等待中断
ITOP:   MOV     TL0, #0B0H      ; T0 中断子程序, 重装初值
        MOV     TH0, #3CH
        DJNZ    B, LOOP
        CLR     TR0             ; 1s 定时时间到, 停止 T0 工作
LOOP:   RETI
```

【例 6-3】 当 T0（P3.4 详见交叉开关）引脚上发生负跳变时, 从 P1.0 引脚上输出一个周期为 1ms 的方波, 如图 6-11 所示（系统时钟为 6MHz）。

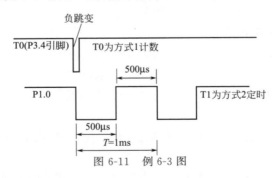

图 6-11　例 6-3 图

（1）工作方式选择

T0 为方式 1 计数, 初值 0FFFFH, 即外部计数输入端 T0（P3.4）发生一次负跳变时, T0 加 1 且溢出, 溢出标志 TF0 置 "1", 发中断请求。在进入 T0 中断程序后, 把 F0 标志置 "1", 说明 T0 脚已接收了负跳变信号。T1 定义为方式 2 定时。在 T0 脚发生一次负跳变后启动 T1, 每 500μs 产生一次中断, 在中断服务程序中对 P1.0 求反, 使 P1.0 产生周期 1ms 的方波。

（2）计算 T1 初值

设 T1 的初值为 X, 则

$$(2^8 - X) \times 2 \times 10^{-6} = 5 \times 10^{-4}$$
$$X = 2^8 - 250 = 6 = 06H$$

（3）程序设计

```
                ORG     0000H
    RESET:  LJMP    MAIN            ; 复位入口转主程序
                ORG     000BH
                JMP     ITOP            ; 转 T0 中断服务程序
        ORG     001BH
                LJMP    IT1P            ; 转 T1 中断服务程序
                ORG     0100H
    MAIN:   MOV     SP,#60H
                ACALL   PTOM2           ; 调用对 T0、T1 初始化子程序
    LOOP:   MOV     C,F0            ; T0 产生过中断了吗?产生过中断, 则F0=1
                JNC     LOOP            ; T0 没有产生过中断, 则跳到 LOOP, 等待 T0 中断
                SETB    TR1             ; 启动 T1
                SETB    ET1             ; 允许 T1 中断
    HERE:   AJMP    HERE
    PTOM2:  MOV     TMOD,#26H       ; 初始化, T1 为方式 2 定时, T0 为方式 1 计数
                MOV     TL0,#0FFH       ; T0 置初值
                MOV     TH0,#0FFH
                SETB    TR0             ; 启动 T0
                SETB    ET0             ; 允许 T0 中断
                MOV     TL1,#06H        ; T1 置初值
                MOV     TH1,#06H
                CLR     F0              ; 把 T0 已发生中断标志F0清0
                SETB    EA
                RET
    ITOP:   CLR     TR0             ; T0 中断服务程序, 停止 T0 计数
                SETB    F0              ; 建立产生中断标志
                RETI
    IT1P:   CPL     P1.0            ; T1 中断服务, P1.0 位取反
                RETI
```

在 T1 定时中断服务程序 IT1P 中，省去了 T1 中断服务程序中重新装入初值 06H 的指令。

【例 6-4】 利用 T1 的方式 2 对外部信号计数，要求每计满 100 个数将 P1.0 取反。
本例是方式 2 计数模式的应用。

（1）选择工作方式

外部信号由 T1（P3.5）脚输入，每发生一次负跳变，计数器加 1，每输入 100 个脉冲，计数器产生溢出中断，在中断服务程序中将 P1.0 取反一次。

T1 方式 2 的控制字为 TMOD＝60H。不使用 T0 时，TMOD 的低 4 位可任取，但不能使 T0 进入方式 3，这里取全 0。

（2）计算 T1 的初值

$$X = 2^8 - 100 = 156 = 9CH$$

因此，TL1 的初值为 9CH，重装初值寄存器 TH1＝9CH。

（3）程序设计

```
ORG    0000H
LJMP   MAIN
ORG    001BH           ; T1 中断服务程序入口
CPL    P1.0            ; P1.0 位取反
RETI
ORG    0100H
MAIN:  MOV   TMOD,#60H  ; 设 T1 为方式 2 计数
       MOV   TL0,#9CH   ; T0 置初值
       MOV   TH0,#9CH
       SETB  TR1        ; 启动 T1
HERE:  AJMP  HERE
```

6.4　门控位的应用

利用 GATE 位可实现外部输入正脉冲对定时器/计数器控制。利用这个特性，可测量输入脉冲的宽度。GATE1 可使定时器/计数器 T1 的启动计数受 $\overline{INT1}$ 的控制，可测量引脚 $\overline{INT1}$（P3.3）上正脉冲的宽度（机器周期数）。如利用 T1 门控位测试 $\overline{INT1}$ 引脚上出现的正脉冲的宽度，并以周期数显示，其测量原理如图 6-12 所示。

图 6-12　测量原理图

实现程序清单如下。

```
ST:     MOV   TMOD,#90H
        MOV   TL1,#00H
        MOV   TH1,#00H
WAIT1:  JB    P3.3,WAIT1      ; 等待 INT1 为 0
        SETB  TR1
WAIT2:  JNB   P3.3,WAIT2      ; 等待 INT1 为 1
WAIT3:  JB    P3.3,WAIT3      ; 等待 INT1 为 0
        CLR   TR1
        MOV   20H,TL1
        MOV   21H,TH1
```

【例 6-5】　实时时钟的设计。

（1）实时时钟实现的基本思路

如何获得 1s 的定时？可把定时时间定为 100ms，采用中断方式进行溢出次数的累计，计满 10 次，即得到秒计时。

片内 RAM 中规定 3 个单元作为秒、分、时单元，具体安排如下：42H 为"秒"单元；

41H 为"分"单元；40H 为"时"单元。从秒到分、从分到时是通过软件累加并进行比较的方法来实现的。

（2）程序设计

① 主程序的设计　流程如图 6-13 所示。

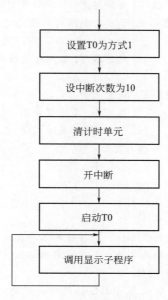

图 6-13　主程序流程图

② 中断服务程序的设计　中断服务程序的主要功能是实现秒、分、时的计时处理，程序流程如图 6-14 所示。

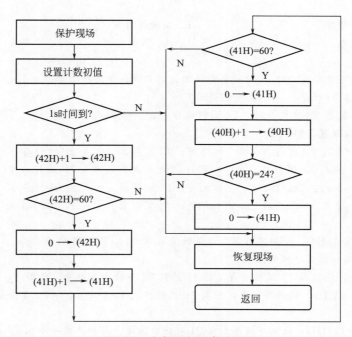

图 6-14　中断服务程序流程图

思考题

1. 填空题

(1) 设定时器 T0 为方式 1 定时，定时器 T1 为方式 1 计数，则工作方式控制字 TMOD=_____。

(2) 设 TMOD=0A5H，则定时器 T0 的状态是_____，定时器 T1 的状态是_____。

(3) 89C51 单片机定时器/计数器，当 f_{osc}=6MHz 时，最大定时为_____，f_{osc}=12MHz 时，最大定时为_____。

(4) 定时器 T0 溢出标志位是_____，定时器 T1 溢出标志位是_____。

2. 选择题

(1) 已知 TMOD=0A5H，则定时器 T0 为（   ）。

    A. 定时方式 2   B. 定时方式 2

    C. 计数方式 1   D. 计数方式 2

(2) 定时器 1 溢出后将对（   ）标志置 1。

    A. IT1   B. TR1

    C. TF1   D. TR0

(3) 下列关于 TH1 和 TL1 叙述正确的是（   ）。

    A. TH1 和 TL1 均为 16 位寄存器

    B. TH1 寄存器存放计数值的低 8 位，TL1 寄存器存放计数值的高 8 位

    C. TH1 寄存器存放计数值的高 8 位，TL1 寄存器存放计数值的低 8 位

    D. TH1 和 TL1 必须为相同的值

(4) 当定时器工作在方式 1，系统采用 6MHz 晶振时，若要定时器定时 0.5ms，则定时器的初始值为（   ）。

    A. FF06H   B. F006H

    C. 0006H   D. 06FFH

(5) 定时器 T1 的溢出标志为 TF1，采用中断方式，当定时器溢出时，若 CPU 响应中断后，该标志（   ）。

    A. 由软件清零   B. 由硬件清零

    C. 随机状态   D. A、B 都可以

3. 简答题

(1) 简述 TCON 中有关定时器/计数器的控制位的名称、含义和功能。

(2) 启动定时器/计数器与 GATE 有何关系？

(3) 定时器/计数器 T0 方式 3 时，T0 如何运作？T1 如何运作？

(4) 按下列要求设置 TMOD。

a. T0 计数器、方式 1，运行与（   ）有关；T1 定时器、方式 2，运行与（   ）无关。

b. T0 定时器、方式 0，运行与（   ）有关；T1 计数器、方式 2，运行与（   ）有关。

c. T0 计数器、方式 2，运行与（   ）无关；T1 计数器、方式 1，运行与（   ）有关。

d. T0 定时器、方式 3，运行与（   ）无关；T1 定时器、方式 2，运行与（   ）无关。

4. 编程题

(1) 若晶振频率 6MHz，使用定时器 1 以定时方式在 P1.0 输出周期为 $400\mu s$，占空比为 10：1 的矩形脉冲，以定时工作方式 2 编程实现。

(2) 试用定时器/计数器 T1 编程实现延时 1h 后从 P1.0 输出高电平（已知 f_{osc}=6MHz）。

(3) 已知 f_{osc}=6MHz，试编写程序，利用 T0 工作方式 3，使 P1.0 和 P1.1 分别输出 $400\mu s$ 和 1ms 方波。

(4) 已知 f_{osc}=12MHz，试编写程序，在 P1.0 输出脉冲，每秒产生一个脉宽 1ms 正脉冲，每分钟产生一个脉宽 10ms 正脉冲。

（5）若晶振频率为 12MHz，用单片机内部定时方法产生频率为 100kHz 的等宽矩形波，请编程实现。

（6）若晶振频率为 6MHz，定时器 T0 工作方式，定时时间为 2ms。每当定时时间到申请中断，在中断服务程序中将累加器 A 的内容左环移位一次，送 P1.0 输出。设 A 的初值为 01H。请编程实现。

模拟量输入与实时控制输出

项目描述

　　利用现有实训设备上的 5V 电位器输出连续模拟量，单片机 P0 接收经 A/D 转换后的数字信号，根据该数字量实时调整 PWM 波输出占空比，输出直流电机连续变化的转速。如果采用 Cygnal 系列单片机，P0 端口任意位经交叉开关定义为模拟量输入位，通过 A/D 转换成为数字量，完成上述控制功能。

项目分析

　　从 ADC0809 的通道 IN3 输入 0～5V 之间的模拟量，通过 ADC0809 转换成数字量，在数码管上以十进制形式显示出来。ADC0809 的 V_{REF} 接＋5V 电压，MSC51 单片机根据转换的数据调整占空比输出。

　　采用 Cygnal 单片机时设定交叉开关的相应寄存器，使 P1.0～P1.7 任意位成为 AIN0～7 模拟输入口，硬件连接片外模拟量 2.5～3V 到相应模拟输入口，设定计时中断启动 A/D 转换，将转换后的输入数字量经处理后与现输出 PWM 波占空比进行比较，并将调整后的 PWM 波输出，实现直流电机的连续转速控制输出。

知识点

　　① MSC51 单片机的 A/D 转换方法能够实现的功能。

　　② MSC51 单片机的 A/D 转换控制及其外电路组成。

　　③ 逐次比较式 A/D 转换器 A/D 转换误差的形成。

　　④ Cygnal 单片机 A/D 转换的组成和功能。

　　⑤ Cygnal 单片机 A/D 转换的启动方式。

7.1　模拟量与数字量概述

　　随着数字技术，特别是信息技术的飞速发展与普及，在现代控制、通信及检测等领域，为了提高系统的性能指标，对信号的处理广泛采用了数字计算机技术。由于系统的实际对象往往都是一些模拟量（如温度、压力、位移、图像等），要使计算机或数字仪表能识别、处理这些信号，必须首先将这些模拟信号转换成数字信号；而经计算机分析、处理后输出的数字量，也往往需要将其转换为相应模拟信号才能为执行机构所接收。这样，就需要一种能在模拟信号与数字信号之间起桥梁作用的电路——模数转换器和数模转换器，如图 7-1 所示。

图 7-1　模数和数模转换器

将模拟信号转换成数字信号的电路，称为模数转换器（简称 A/D 转换器或 ADC，analog to digital converter）；将数字信号转换为模拟信号的电路，称为数模转换器（简称 D/A 转换器或 DAC，digital to analog converter）。A/D 转换器和 D/A 转换器已成为信息系统中不可缺少的部分。为确保系统处理结果的精确度，A/D 转换器和 D/A 转换器必须具有足够的转换精度。如果要实现快速变化信号的实时控制与检测，A/D 转换器与 D/A 转换器还要求具有较高的转换速度。转换精度与转换速度是衡量 A/D 与 D/A 转换器的重要技术指标。随着集成技术的发展，现已研制和生产出许多单片的和混合集成型的 A/D 转换器和 D/A 转换器，它们具有越来越先进的技术指标。

7.2　A/D 转换原理

A/D 转换器（ADC）是将模拟量转换为数字量，通常要经过采样、保持、量化和编码 4 个步骤。

（1）采样与保持

所谓采样，就是将一个时间上连续变化的模拟量转化为时间上离散变化的模拟量，如图 7-2所示。

采样结果存储起来，直到下次采样，这个过程称为保持。一般，采样器和保持电路一起总称为采样保持电路。

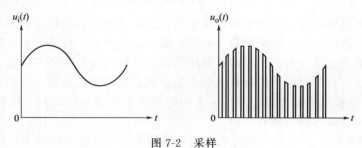

图 7-2　采样

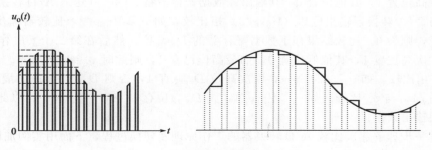

图 7-3　量化

（2）量化与编码的过程

将采样电平归化为与之接近的离散数字电平，这个过程称为量化，如图 7-3 所示。由零到最大值（max）的模拟输入范围被划分为 n 个值，称为量化阶梯。而相邻量化阶梯之间的中点值，称为比较电平。

7.3　A/D 转换器及参数指标

A/D 转换器是一种能把输入模拟电压或电流变成与之成正比的数字量，即能把被控对象的各种模拟信息变成计算机可以识别的数字信息。A/D 转换器种类很多，但从原理上通常可以分为以下 4 种：计数器式 A/D 转换器（这里不做介绍）、双积分式 A/D 转换器、逐次比较式 A/D 转换器和并行 A/D 转换器。

（1）逐次比较式 A/D 转换器

逐次比较 ADC 包括 n 位逐次比较式 A/D 转换器，如图 7-4 所示。它由控制逻辑电路、时序产生器、移位寄存器、A/D 转换器及电压比较器组成。

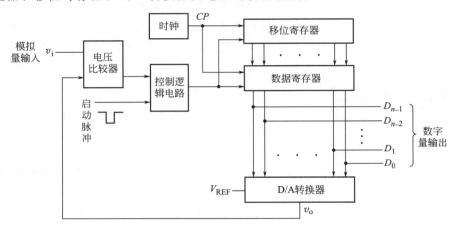

图 7-4　逐次比较式 A/D 转换器原理框图

逐次比较转换过程和用天平称重物非常相似。天平称重物的过程是：从最重的砝码开始试放，与被称物体进行比较，若物体重于砝码，则该砝码保留，否则移去；再加上第二个次重砝码，由物体的重量是否大于砝码的重量决定第二个砝码是留下还是移去；照此一直加到最小一个砝码为止。将所有留下的砝码重量相加，就得此物体的重量。仿照这一思路，逐次比较式 A/D 转换器就是将输入模拟信号与不同的参考电压做多次比较，使转换所得的数字量在数值上逐次比较输入模拟量对应值。

对应图 7-4 的电路，它由启动脉冲启动后，在第一个时钟脉冲作用下，控制电路使时序产生器的最高位置 1，其他位置 0，其输出经数据寄存器将 $1000\cdots0$ 送入 A/D 转换器。输入电压首先与 D/A 转换器输出电压（$V_{REF}/2$）相比较，如 $v_i \geq V_{REF}/2$，比较器输出为 1，若 $v_i < V_{REF}/2$，则为 0。比较结果存于数据寄存器的 D_{n-1} 位。然后在第二个 CP 作用下，移位寄存器的次高位置 1，其他低位置 0。如最高位已存 1，则此时 $v_o = 3/4V_{REF}$。于是 v_i 再与 $3/4V_{REF}$ 相比较，如 $v_i \geq 3/4V_{REF}$，则次高位 D_{n-2} 存 1，否则 $D_{n-2}=0$；如最高位为 0，则 $v_o = V_{REF}/4$，与 v_o 比较，如 $v_i \geq V_{REF}/4$，则 D_{n-2} 位存 1，否则存 $0\cdots\cdots$；以此类推，逐次比较得到输出数字量。

为了进一步理解逐次比较 A/D 转换器的工作原理及转换过程，下面用实例加以说明。

设图 7-4 电路为 8 位 A/D 转换器，输入模拟量 $v_i = 6.84\text{V}$，A/D 转换器基准电压

$V_{REF}=10V$。根据逐次比较 A/D 转换器的工作原理，可画出在转换过程中 CP、启动脉冲、$D_7 \sim D_0$ 及 D/A 转换器输出电压 v_o 的波形，如图 7-5 所示。

由图 7-5 可见，当启动脉冲低电平到来后转换开始。在第一个 CP 作用下，数据寄存器将 $D_7 \sim D_0=10000000$ 送入 D/A 转换器，其输出电压 $v_o=5V$，v_i 与 v_o 比较，$v_i>v_o$ 存 1；第二个 CP 到来时，寄存器输出 $D_7 \sim D_0=11000000$，v_o 为 7.5V，v_i 再与 7.5V 比较，因 $v_i<7.5V$，所以 D_6 存 0；输入第三个 CP 时，$D_7 \sim D_0=10100000$，$v_o=6.25V$，v_i 再与 v_o 比较，……如此重复比较下去，经 8 个时钟周期，转换结束。由图中 v_o 的波形可见，在逐次比较过程中，与输出数字量对应的模拟电压 v_o 逐渐逼近 v_i 值，最后得到 A/D 转换器转换结果 $D_7 \sim D_0$ 为 10101111。该数字量所对应的模拟电压为 6.8359375V，与实际输入的模拟电压 6.84V 的相对误差仅为 0.06%。

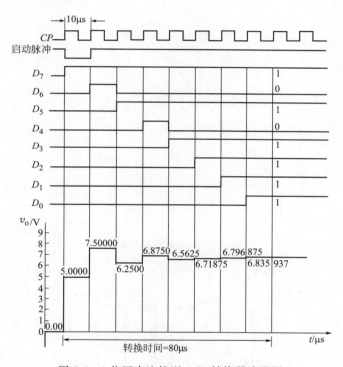

图 7-5　8 位逐次比较型 A/D 转换器波形图

逐次比较型 A/D 转换器的特点是：转换速度为 $(n+1)T_{cp}$，速度快；调整 V_{REF}，可改变其动态范围。

（2）双积分式 A/D 转换器

双积分 ADC 的基本原理是对输入模拟电压和参考电压分别进行两次积分，将输入电压平均值变成与之成正比的时间间隔，然后利用时钟脉冲和计数器测出此时间间隔，进而得到相应的数字量输出。其工作原理框图见图 7-6，积分器输出波形见图 7-7。由于该转换电路是对输入电压的平均值进行变换，所以它具有很强的抗工频干扰能力，在数字测量中得到广泛应用。

（3）并行 A/D 转换器

3 位并行比较型 A/D 转换器原理电路如图 7-8 所示，由电阻分压器、寄存器及编码器组成。根据各比较器的参考电压值，可以确定输入模拟电压值与各比较器的输出状态的关系。

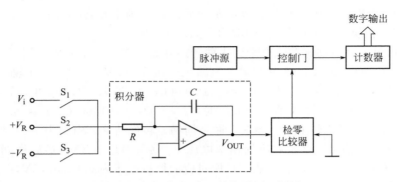

图 7-6 双积分式 A/D 转换器原理框图

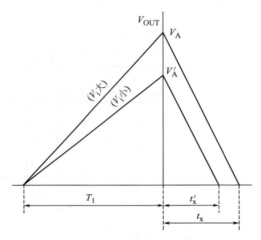

图 7-7 积分器输出波形图

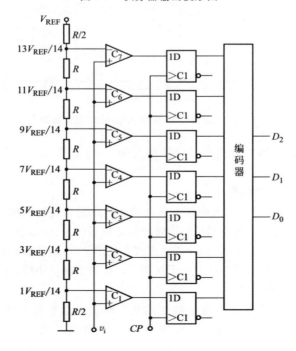

图 7-8 并行 ADC

比较器的输出状态由 D 触发器存储，经优先编码器编码，得到数字量输出。设 v_i 变化范围是 $0 \sim V_{REF}$，输出 3 位数字量为 $D_2 D_1 D_0$，3 位并行比较型 A/D 转换器的输入、输出关系如表 7-1 所示。

表 7-1　三位并行 ADC 转换真值表

输入模拟信号	比较器输出							数字输出		
	C_7	C_6	C_5	C_4	C_3	C_2	C_1	D_2	D_1	D_0
$0 < v_i < V_{REF}/14$	0	0	0	0	0	0	0	0	0	0
$V_{REF}/14 < v_i < 3V_{REF}/14$	0	0	0	0	0	0	1	0	0	1
$3V_{REF}/14 < v_i < 5V_{REF}/14$	0	0	0	0	0	1	1	0	1	0
$5V_{REF}/14 < v_i < 7V_{REF}/14$	0	0	0	0	1	1	1	0	1	1
$7V_{REF}/14 < v_i < 9V_{REF}/14$	0	0	0	1	1	1	1	1	0	0
$9V_{REF}/14 < v_i < 11V_{REF}/14$	0	0	1	1	1	1	1	1	0	1
$11V_{REF}/14 < v_i < 13V_{REF}/14$	0	1	1	1	1	1	1	1	1	0
$13V_{REF}/14 < v_i < V_{REF}/14$	1	1	1	1	1	1	1	1	1	1

对于 n 位输出二进制码，并行 ADC 就需要 $2n-1$ 个比较器。并行 ADC 适用于速度要求很高而输出位数较少的场合。

计数器式 A/D 转换器结构很简单，但转换速度很慢，所以很少采用。双积分式 A/D 转换器抗干扰能力强，转换精度也很高，但速度不够理想，常用于数字式测量仪表中。计算机中广泛采用逐次比较式 A/D 转换器作为接口电路，它的结构不太复杂，转换速度也高。并行 A/D 转换器的转换速度最快，但因结构复杂而造价较高，故只用于那些转换速度极高的场合。

(4) A/D 转换器的主要性能指标

① 转换精度　转换精度通常用分辨率和量化误差来描述。

分辨率　分辨率 $V_{REF}/2N$，它表示输出数字量变化一个相邻数码所需输入模拟电压的变化量，其中 N 为 A/D 转换的位数，N 越大，分辨率越高。习惯上分辨率常以 A/D 转换位数表示。

量化误差　量化误差是指零点和满度校准后在整个转换范围内的最大误差。通常以相对误差形式出现，并以 LSB（Least Significant Bit，数字量最小有效位所表示的模拟量）为单位。

② 转换时间　指 A/D 转换器完成一次 A/D 转换所需时间。转换时间越短，适应输入信号快速变化的能力越强。当 A/D 转换的模拟量变化较快时，就需选择转换时间短的 A/D 转换器，否则会引起较大误差。

7.4　典型 A/D 转换器芯片 ADC0809

7.4.1　ADC0809 的内部结构及工作原理

由图 7-9 可知，ADC0809 由一个 8 路模拟开关、一个地址锁存与译码器、一个 A/D 转换器和一个三态输出锁存器组成。多路开关可选通 8 个模拟通道，允许 8 路模拟量分时输入，共用 A/D 转换器进行转换。三态输出锁存器用于锁存 A/D 转换完的数字量，当 OE 端为高电平时，才可以从三态输出锁存器取走转换完的数据。

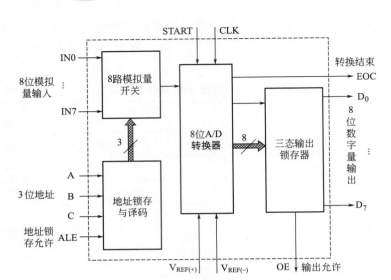

图 7-9   ADC0809 内部逻辑结构图

地址锁存与译码电路完成对 A、B、C 三个地址位进行锁存和译码，其译码输出用于通道选择，如表 7-2 所示。

表 7-2   通道选择

C	B	A	选择的通道
0	0	0	IN0
0	0	1	IN1
0	1	0	IN2
0	1	1	IN3
1	0	0	IN4
1	0	1	IN5
1	1	0	IN6
1	1	1	IN7

（1）ADC0809 的引脚功能

ADC0809 芯片为 28 脚双列直插式封装，其引脚排列如图 7-10 所示。

各引脚功能如下。

1～5 和 26～28（IN0～IN7）：8 路模拟量输入端。ADC0809 对输入模拟量要求为信号单极性，电压范围是 0～5V。若信号太小，必须进行放大。输入的模拟量在转换过程中应该保持不变，如若模拟量变化太快，则需在输入前增加采样保持电路。

8、14、15 和 17～21：8 位数字量输出端。

22（ALE）：地址锁存允许信号，输入高电平有效。当 ALE 线为高电平时，地址锁存与译码器将 A、B、C 三条地址线的地址信号进行锁存，经译码后被选中通道的模拟量进转换器进行转换。A、B、C 为地址输入线，用于选

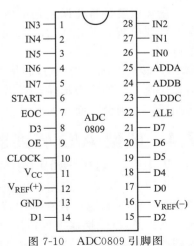

图 7-10   ADC0809 引脚图

通 IN0～IN7 上的一路模拟量输入。

6（START）：A/D 转换启动脉冲输入端，输入一个正脉冲（至少 100ns 宽）使其启动（脉冲上升沿使 0809 复位，下降沿启动 A/D 转换）。START 为转换启动信号。当 START 上跳沿时，所有内部寄存器清零；下跳沿时，开始进行 A/D 转换。在转换期间，START 应保持低电平。

用于控制 3 条输出锁存器向单片机输出转换得到的数据。OE＝1，输出转换得到的数据；OE＝0，输出数据线呈高阻状态。D7～D0 为数字量输出线。

7（EOC）：A/D 转换结束信号。当 A/D 转换结束时，此端输出一个高电平（转换期间一直为低电平）。

9（OE）：数据输出允许信号，输入高电平有效。当 A/D 转换结束时，此端输入一个高电平，才能打开输出三态门，输出数字量。

10（CLOCK）：时钟脉冲输入端。要求时钟频率不高于 640kHz。因 ADC0809 的内部没有时钟电路，所需时钟信号必须由外界提供，通常使用频率为 500kHz，可由单片机 ALE 信号分频得到。

12 [V_REF（＋）] 和 16 [V_REF（－）]：参考电压输入端。

11（Vcc）：主电源输入端。

13（GND）：地。

23～25（ADDA、ADDB、ADDC）：3 位地址输入线，用于选通 8 路模拟输入中的一路。

（2）极限参数
电源电压（V_CC）：6.5V。
控制端输入电压：－0.3～15V。
其他输入和输出端电压：－0.3V～V_CC＋0.3V。
储存温度：－65～＋150℃。
功耗（T＝＋25℃）：875mW。
引线焊接温度：①气相焊接（60s）：215℃；②红外焊接（15s）：220℃。
抗静电强度：400V。

（3）ADC0809 应用说明
① ADC0809 内部带有输出锁存器，可以与 AT89S51 单片机直接相连。
② 初始化时，使 ST 和 OE 信号全为低电平。
③ 送要转换的那一通道的地址到 A、B、C 端口上。
④ 在 ST 端给出一个至少有 100ns 宽的正脉冲信号。
⑤ 是否转换完毕，根据 EOC 信号来判断。
⑥ 当 EOC 变为高电平时，给 OE 为高电平，转换的数据就输出给单片机了。

（4）ADC0809 转换步骤
① ALE 信号（上升沿有效）上升沿有效，锁存地址并选中相应通道。
② ST 信号（下降沿有效）有效，开始转换。A/D 转换期间，ST 为低电平。
③ EOC 信号（高电平结束）输出高电平，表示转换结束。
④ OE 信号（高电平允许输出）有效，允许输出转换结果。

7.4.2 ADC0809 典型应用

ADC0809 与单片机的接口可以采用延时方式、查询方式和中断方式。ADC0809 与单片机的接口电路如图 7-11 所示。ADC0809 片内无时钟，利用 8051 提供的地址锁存允许信号

ALE，经 D 触发器二分频获得。

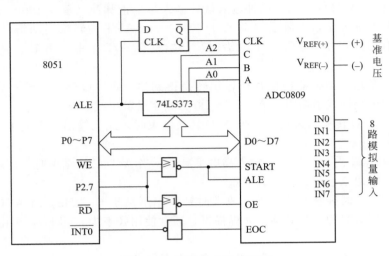

图 7-11　ADC0809 典型应用

（1）延时方式

在软件编写时，应令 P2.7＝A15＝0；A0、A1、A2 给出被选择的模拟通道的地址；执行一条输出指令，启动 A/D 转换；执行一条输入指令，读取 A/D 转换结果。

通道地址：7FF8H～7FFFH。

下面的程序是采用延时的方法，分别对 8 路模拟信号轮流采样一次，并依次把结果转存到数据存储区的采样转换程序。

```
START: MOV R1, #50H    ;置数据区首地址
       MOV DPTR, #7FF8H    ;P2.7=0 且指向通道 0
       MOV R7, #08H    ;置通道数
NEXT:  MOVX @DPTR, A    ;启动 A/D 转换
       MOV R6, #0AH    ;软件延时
DLAY:  NOP
       NOP
       NOP
       DJNZ R6, DLAY
       MOVX A, @DPTR    ;读取转换结果
       MOV @R1, A    ;存储数据
       INC DPTR    ;指向下一个通道
       INC R1    ;修改数据区指针
       DJNZ R7, NEXT    ;8个通道全采样完了吗？
........
```

（2）中断方式

将 ADC0809 作为一个外部扩展的并行 I/O 口，直接由 8051 的 P2.0 和脉冲进行启动。通道地址为 FEF8H～FEFFH。

用中断方式读取转换结果的数字量，模拟量输入通路选择端 A、B、C 分别与 8051 的 P0.0、P0.1、P0.2（经 74LS373）相连，CLK 由 8051 的 ALE 提供。

```
INTADC:SETB IT1      ;选择为边沿触发方式
SETB EA              ;开中断
SETB EX1             ;
MOV DPTR, #0FEF8H    ;通道地址送 DPTR
MOVX @DPTR,A         ;启动 A/D 转换
……
PINT1:……
MOV DPTR, #0FEF8H    ;通道地址送 DPTR
MOVX A, @DPTR        ;读取从 IN0 输入的转换结果存入
MOV 50H, A           ;50H 单元
MOVX @DPTR,A         ;启动 A/D 转换
RETI  ;中断返回
```

7.4.3 应用举例

如图 7-12 所示，从 ADC0809 的通道 IN3 输入 0～5V 之间的模拟量，通过 ADC0809 转换成数字量，在数码管上以十进制形式显示出来。ADC0809 的 V_{REF} 接 +5V 电压。

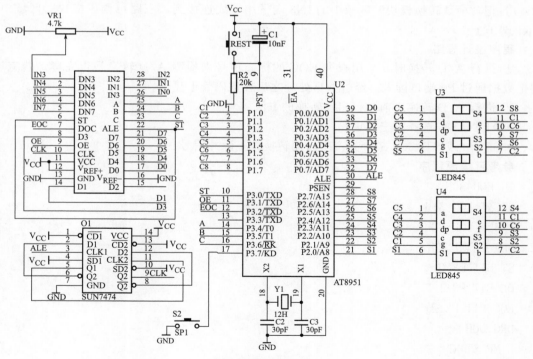

图 7-12 原理图

连线说明

① 把"单片机"区域中的 P1 端口的 P1.0～P1.7 用 8 芯排线连接到"动态数码显示"区域中的 A、B、C、D、E、F、G、H 端口上，作为数码管的笔段驱动。

② 把"单片机"区域中的 P2 端口的 P2.0～P2.7 用 8 芯排线连接到"动态数码显示"

区域中的 S1、S2、S3、S4、S5、S6、S7、S8 端口上，作为数码管的位段选择。

③ 把"单片机"区域中的 P0 端口的 P0.0～P0.7 用 8 芯排线连接到"模数转换模块"区域中的 D0、D1、D2、D3、D4、D5、D6、D7 端口上，A/D 转换完毕的数据输入到单片机的 P0 端口。

④ 把"模数转换模块"区域中的 V_{REF} 端子用导线连接到"电源模块"区域中的 V_{CC} 端子上。

⑤ 把"模数转换模块"区域中的 A2、A1、A0 端子用导线连接到"单片机系统"区域中的 P3.4、P3.5、P3.6 端子上。

⑥ 把"模数转换模块"区域中的 ST 端子用导线连接到"单片机系统"区域中的 P3.0 端子上。

⑦ 把"模数转换模块"区域中的 OE 端子用导线连接到"单片机系统"区域中的 P3.1 端子上。

⑧ 把"模数转换模块"区域中的 EOC 端子用导线连接到"单片机系统"区域中的 P3.2 端子上。

⑨ 把"模数转换模块"区域中的 CLK 端子用导线连接到"分频模块"区域中的/4 端子上。

⑩ 把"分频模块"区域中的 CKIN 端子用导线连接到"单片机系统"区域中的 ALE 端子上。

⑪ 把"模数转换模块"区域中的 IN3 端子用导线连接到"三路可调压模块"区域中的 VR1 端子上。

程序设计思路

① 进行 A/D 转换时，采用查询 EOC 的标志信号来检测 A/D 转换是否完毕。若完毕，则把数据通过 P0 端口读入，经过数据处理之后在数码管上显示。

② 进行 A/D 转换之前，要启动转换的方法：

- ABC＝110 选择第三通道；
- ST＝0 或 ST＝1，ST＝0 产生启动转换的正脉冲信号。

参考汇编源程序

```
CH EQU 30H
DPCNT EQU 31H
DPBUF EQU 33H
GDATA EQU 32H
ST BIT P3.0
OE BIT P3.1
EOC BIT P3.2
ORG 00H
LJMP START
ORG 0BH
LJMP TOX
ORG 30H
START: MOV CH, #0BCH
MOV DPCNT, #00H
```

```
MOV R1,#DPCNT
MOV R7,#5
MOV A,#10
MOV R0,#DPBUF
LOP: MOV @R0,A
INC R0
DJNZ R7,LOP
MOV @R0,#00H
INC R0
MOV @R0,#00H
INC R0
MOV @R0,#00H
MOV TMOD,#01H
MOV TH0,#(65536-4000)/256
MOV TL0,#(65536-4000) MOD 256
SETB TR0
SETB ET0
SETB EA
WT: CLR ST
SETB ST
CLR ST
WAIT: JNB EOC,WAIT
SETB OE
MOV GDATA,P0
CLR OE
MOV A,GDATA
MOV B,#100
DIV AB
MOV 33H,A
MOV A,B
MOV B,#10
DIV AB
MOV 34H,A
MOV 35H,B
SJMP WT
T0X: NOP
MOV TH0,#(65536-4000)/256
MOV TL0,#(65536-4000) MOD 256
MOV DPTR,#DPCD
MOV A,DPCNT
```

```
        ADD  A, #DPBUF
        MOV  R0, A
        MOV  A, @R0
        MOVC A, @A+DPTR
        MOV  P1, A
        MOV  DPTR, #DPBT
        MOV  A, DPCNT
        MOVC A, @A+DPTR
        MOV  P2, A
        INC  DPCNT
        MOV  A, DPCNT
        CJNE A, #8, NEXT
        MOV  DPCNT, #00H
  NEXT: RETI
  DPCD: DB  3FH, 06H, 5BH, 4FH, 66H
        DB  6DH, 7DH, 07H,  7FH, 6FH, 00H
  DPBT: DB  0FEH, 0FDH, 0FBH, 0F7H
        DB  0EFH, 0DFH, 0BFH, 07FH
        END
```

7.5   D/A 转换接口电路

D/A 转换是单片机应用系统后向通道的典型接口技术。根据被控装置的特点，一般要求应用系统输出模拟量，例如电动执行机构、直流电动机等。但是，在单片机内部，对检测数据进行处理后输出的还是数字量，这就需要将数字量通过 D/A 转换成相应的模拟量。

DA 转换器工作原理

7.5.1   D/A 转换器的技术性能指标

① 分辨率   分辨率是 D/A 转换器对输入量变化敏感程度的描述，与输入数字量的位数有关。如果数字量的位数为 n，则 D/A 转换器的分辨率为 $1/2^n$。例如，8 位数的分辨率为 $1/256$，10 位数的分辨率为 $1/1024$。因此，数字量位数越多，分辨率也就越高，即转换器对输入量变化的敏感程度也就越高。

② 输入编码形式   如二进制码、BCD 码等。

③ 转换线性   通常给出在一定温度下的最大非线性度，一般为 $0.01\% \sim 0.03\%$。

④ 输出形式   常用的有电压输出和电流输出两种形式。电压型输出，一般为 $5 \sim 10V$，也有高压型输出，为 $24 \sim 30V$；电流型输出，一般为 $20mA$ 左右，高者可达 3A。

⑤ 转换时间   转换时间是描述 D/A 转换速度快慢的一个参数，指从输入数字量变化到输出达到终值误差 ±(1 或 2)LSB（最低有效位）时所需的时间。输出形式为电流时，转换时间较短；输出形式为电压时，由于转换时间还要加上运算放大器的延迟时间，因此转换时间要长一些。转换时间通常为几十纳秒至几微秒。

⑥ 接口形式   通常根据 D/A 转换器是否内置数据锁存器分为两类。带锁存器的 D/A 转换器，对来自单片机的转换数据可以保存，因此可直接挂接在数据总线上接收转换数据。对于不带锁存器的 D/A 转换器，除可直接挂接在并行 I/O 口上外，也可外加锁存器后挂接

到数据总线上。

⑦ 温度系数 以上各项性能指标一般是在环境温度为 25℃ 下测定的。环境温度的变化会对 D/A 转换精度产生影响，这一影响分别用失调温度系数、增益温度系数和微分非线性温度系数来表示。这些系数的含义是环境温度变化 1℃ 时该项误差的相对变化率。

7.5.2 典型 D/A 转换器芯片 DAC0832

DAC0832 是 8 位分辨率的 D/A 转换集成芯片，与微处理器完全兼容。这个 D/A 芯片以其价格低廉、接口简单、转换控制容易等优点，在单片机应用系统中得到广泛的应用。D/A 转换器由 8 位输入锁存器、8 位 DAC 寄存器、8 位 D/A 转换电路及转换控制电路构成，如图 7-13 所示。

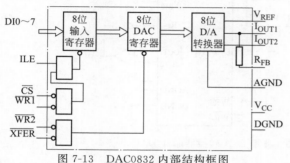

图 7-13 DAC0832 内部结构框图

DAC0832 控制 LED 从灭到亮（模拟锯齿波）

DAC0832 是 20 引脚的双列直插式芯片，如图 7-14 所示。各引脚的特性如下。

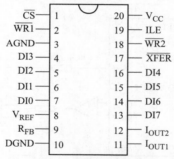

图 7-14 DAC0832 引脚排列图

$\overline{CS}$：片选信号，和允许锁存信号 ILE 组合来决定是否起作用，低有效。

ILE：允许锁存信号，高有效。

$\overline{WR1}$：写信号 1，作为第一级锁存信号，将输入资料锁存到输入寄存器（此时，必须和 ILE 同时有效），低有效。

$\overline{WR2}$：写信号 2，将锁存在输入寄存器中的资料送到 DAC 寄存器中进行锁存（此时，传输控制信号必须有效），低有效。

$\overline{XFER}$：传输控制信号，低有效。

DI7～DI0：8 位数据输入端。

I_{OUT1}：模拟电流输出端 1。当 DAC 寄存器中全为 1 时，输出电流最大；当 DAC 寄存器中全为 0 时，输出电流为 0。

I_{OUT2}：模拟电流输出端 2，$I_{OUT1} + I_{OUT2} =$ 常数。

R_{FB}：反馈电阻引出端。DAC0832 内部已经有反馈电阻，所以 R_{FB} 端可以直接接到外部运算放大器的输出端，相当于将反馈电阻接在运算放大器的输入端和输出端之间。

V_{REF}：参考电压输入端。可接电压范围为±10V。外部标准电压通过 V_{REF} 与 T 形电阻网络相连。

V_{CC}：芯片供电电压端。范围为 5～15V，最佳工作状态是＋15V。

AGND：模拟地，即模拟电路接地端。

DGND：数字地，即数字电路接地端。

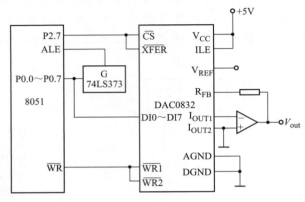

图 7-15　典型 D/A 转换器芯片 DAC0832

根据对 DAC0832 的数据锁存器和 DAC 寄存器的不同控制方式，DAC0832 有三种工作方式：直通方式（图 7-15）、单缓冲方式（图 7-16）和双缓冲方式（图 7-17）。

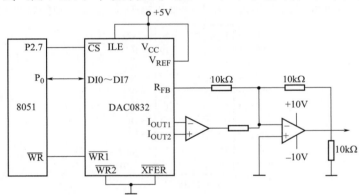

图 7-16　DAC 0832 单缓冲工作方式与 8051 连接

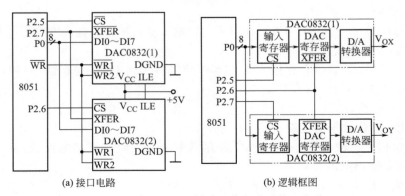

(a) 接口电路　　　　　(b) 逻辑框图

图 7-17　DAC0832 双缓冲工作方式时接口电路

PWM波输出

 项目描述

　　利用中断与查询相结合方式、延时结构、循环结构，实现对 P1 口输入数值的查询。根据 P1.0/P1.4 端口输入的数值情况，分别实现 PWM 的波输出，利用定时器控制产生占空比可变的 PWM 波，按 K1（P1.0），PWM 值增加，则占空比减小，LED 灯渐暗；按 K2，PWM 值减小，则占空比增加，LED 灯渐亮。当 PWM 值增加到最大值或减小到最小值时，蜂鸣器将报警。

 项目分析

　　可利用计时器溢出中断产生查询并将占空比数值更新，定时器 0 工作在模式 1，定时器 1 工作在模式 2，1ms 延时常数为♯0FCH，利用子程序调用方式实现中断服务子程序、延时子程序、蜂鸣器响一声子程序。

　　如果采用 Cygnal 单片机，可以采用 8 位脉宽调制器方式。学习 PCA0CN：PCA 控制寄存器、PCA0MD、PCA0 方式选择寄存器、PCA0CPMn、PCA0 捕捉/比较寄存器等寄存器的设置和使用。

 知识点

① 定时器 0、1 的工作模式和功能。
② 子程序的调用。
③ PWM 波的基本理论。
④ PWM 波的硬件电路基本原理。
⑤ PWM 波软件实现的方式基本原理。
⑥ Cygnal 单片机 PCA 结构的组成和功能。
⑦ Cygnal 单片机 8 位脉宽调制器方式工作原理。
⑧ 设置 PCA0 相关各寄存器。
⑨ PCA0 的工作方式。
⑩ 分析图 8-1 控制电路的原理和功能。

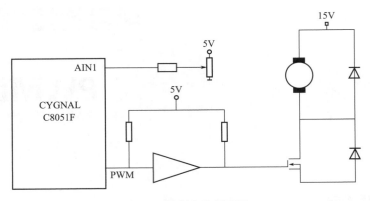

图 8-1 控制电路原理图

8.1 PWM 波的产生原理

(1) 硬件 PWM 电路的控制原理

PWM 电路基本原理的依据是冲量相等而形状不同的窄脉冲，加在具有惯性的环节上时其效果相同，如图 8-2 所示。

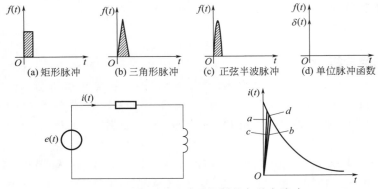

图 8-2 形状不同而冲量相同的各种窄脉冲

图中，"冲量"指窄脉冲的面积；"效果基本相同"指环节的输出响应波形基本相同；$f(t)$ 为电压窄脉冲，是电路的输入；$i(t)$ 为输出电流，是电路的响应。

PWM 控制原理如图 8-3 所示，将波形分为 7 等份，可由 7 个方波等效替代。脉宽调制的分类方法有多种，如单极性和双极性、同步式和异步式、矩形波调制和正弦波调制等。单极性 PWM 控制法指在半个周期内载波只在一个方向变换，所得 PWM 波形也只在一个方向变化，而双极性 PWM 控制法在半个周期内载波在两个方向变化，所得 PWM 波形也在两个方向变化。根据载波信号同调制信号是否保持同步，PWM 控制又可分为同步调制和异步调制。矩形波脉宽调制的特点是输出脉宽列是等宽的，只能控制一定次数的谐波，而正弦波脉宽调制的特点是输出脉宽列是不等宽的，宽度按正弦规律变化，输出波形接近正弦波。正弦波脉宽调制也叫 SPWM。根据控制信号产生脉宽是该技术的关键，目前常用三角波比较法、滞环比较法和空间电压矢量法。

在实际电路中，如图 8-4 所示，采用三角波和正弦波相交获得的 PWM 波形直接控制各个开关，可以得到脉冲宽度和各脉冲间的占空比可变的呈正弦变化的输出脉冲电压，能获得理想的控制效果，输出电流近似正弦波。

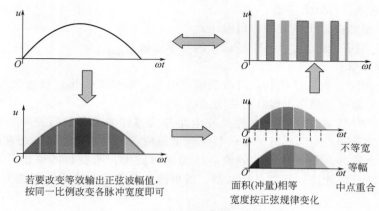

图 8-3　用 PWM 波代替正弦波的过程

图 8-4　获取 PWM 的过程

（2）PWM 电路的作用

PWM 电路的主要作用是将输入电压的振幅转换成宽度一定的脉冲。一般 Switching 输出电路只能输出电压振幅一定的信号，为了输出类似正弦波之类电压振幅变化的信号，必须将电压振幅转换成脉冲信号。

高功率电路分别由 PWM 电路、Gate 驱动电路、Switching 输出电路构成，其中 PWM 电路的主要作用是使三角波的振幅和指令信号进行比较，同时输出可以驱动功率 MOSFET 的控制信号，通过该控制信号控制功率电路的输出电压。

（3）PWM 电路的特点

PWM 电路的特点是频率高、效率高、功率密度高、可靠性高。然而由于开关器件工作在高频通断状态，高频的快速瞬变过程本身就是一电磁干扰源，它产生的 EMI 信号有很宽的频率范围，又有一定的幅度。若把这种电源直接用于数字设备，则设备产生的 EMI 信号会变得更加强烈和复杂。

8.2　PWM 波变频控制原理

脉宽调制（PWM）是利用微处理器的数字输出来对模拟电路进行控制的一种非常有效的技术，广泛应用在从测量、通信到功率控制与变换的许多领域中。

8.2.1　PWM 脉宽调制基本知识

PWM 脉宽调制，是靠改变脉冲宽度来控制输出电压，通过改变周期来控制其输出频率，而输出频率的变化可通过改变此脉冲的调制周期来实现，这样，使调压和调频两个作用配合一致，且与中间直流环节无关，因而加快了调节速度，改善了动态性能。由于输出等幅脉冲只需恒定直流电源供电，可用不可控整流器取代相控整流器，使电网侧的功率因数大大改善。利用 PWM 逆变器能够抑制或消除低次谐波，加上使用自关断器件，开关频率大幅度提高，输出波形可以非常接近正弦波。

PWM 变频电路具有以下特点：

① 可以得到相当接近正弦波的输出电压；

② 整流电路采用二极管，可获得接近 1 的功率因数；

③ 电路结构简单；

④ 通过对输出脉冲宽度的控制，可改变输出电压，加快了变频过程的动态响应。

现在通用变频器基本都用 PWM 控制方式。

脉宽调制（PWM）控制方式就是对逆变电路开关器件的通断进行控制，使输出端得到一系列幅值相等的脉冲，用这些脉冲来代替正弦波或所需要的波形。也就是在输出波形的半个周期中产生多个脉冲，使各脉冲的等值电压为正弦波形，所获得的输出平滑且低次谐波少。按一定的规则对各脉冲的宽度进行调制，既可改变逆变电路输出电压的大小，也可改变输出频率。

在采样控制理论中有一个重要的结论，即冲量相等而形状不同的窄脉冲加在具有惯性的环节上，其效果基本相同。冲量即指窄脉冲的面积。这里所说的效果基本相同，是指该环节的输出响应波形基本相同。如把各输出波形用傅里叶变换分析，则它们的低频段特性非常接近，仅在高频段略有差异。

根据上面的理论，就可以用不同宽度的矩形波来代替正弦波，通过对矩形波的控制来模拟输出不同频率的正弦波。例如，把正弦半波波形分成 N 等份，就可把正弦半波看成由 N 个彼此相连的脉冲所组成的波形。这些脉冲宽度相等，都等于 π/n，但幅值不等，且脉冲顶部不是水平直线而是曲线，各脉冲的幅值按正弦规律变化。如果把上述脉冲序列用同样数量的等幅而不等宽的矩形脉冲序列代替，使矩形脉冲的中点和相应正弦等分的中点重合，且使矩形脉冲和相应正弦部分面积（即冲量）相等，就得到一组脉冲序列，这就是 PWM 波形。可以看出，各脉冲宽度是按正弦规律变化的。根据冲量相等、效果相同的原理，PWM 波形和正弦半波是等效的。对于正弦的负半周，也可以用同样的方法得到 PWM 波形。

在 PWM 波形中，各脉冲的幅值是相等的，要改变等效输出正弦波的幅值时，只要按同一比例系数改变各脉冲的宽度即可，因此在交-直-交变频器中，整流电路采用不可控的二极管电路即可，PWM 逆变电路输出的脉冲电压就是直流侧电压的幅值。

根据上述原理，在给出了正弦波频率、幅值和半个周期内的脉冲数后，PWM 波形各脉冲的宽度和间隔就可以准确计算出来。按照计算结果控制电路中各开关器件的通断，就可以得到所需要的 PWM 波形。

8.2.2　软件产生 PWM 波的调速原理

PWM 的占空比决定输出到直流用电器或直流电机的平均电压，PWM 不是调节电流的，PWM 的意思是脉宽调节，也就是调节方波高电平和低电平的时间比。一个 20% 占空比波形，会有 20% 的高电平时间和 80% 的低电平时间，而一个 60% 占空比的波形，则具有 60% 的高电平时间和 40% 的低电平时间。占空比越大，高电平时间越长，则输出的脉冲幅度越高，即电压越高。如果占空比为 0%，那么高电平时间为 0，则没有电压输出。如果占空比为 100%，那么输出全部电压。所以通过调节占空比，可以实现调节输出电压的目的，而且输出电压可以无级连续调节。

8.2.3　实现任务的软件方式之一

利用定时器控制产生占空比可变的PWM波。

按 K1，PWM值增加，则占空比减小，LED灯渐暗。

按 K2，PWM值减小，则占空比增加，LED灯渐亮。

当PWM值增加到最大值或减小到最小值时，蜂鸣器将报警。

资源：P0口，8路指示灯。P1.0和P1.4亮度控制按键（端口按键）。P3.3小喇叭报警。

```
;******************************************* *********
;————————————————————————————————————————
        PWM    EQU   7FH              ;PWM赋初始值PWM,定义为7FH
        OUT    EQU   P0               ;1个LED灯的接口OUT定义为P0.1
        INCKEY EQU   P1.0             ;K1,PWM值增加键。INCKEY定义为P1.0
        DECKEY EQU   P1.4             ;K2,PWM值减小键。DECKEY定义为P1.4
        BEEP   EQU   P3.3             ;BEEP定义为接口3第3位
;;————————————————————————————————————————
        ORG    0000H
        SJMP   START
        ORG    000BH
        SJMP   INTT0
        ORG    001BH
        SJMP   INTT1
        ORG    0030H
;————————————————————————————————————————
;主程序
;定时器0工作在模式1，定时器1工作在模式2。
START:
        MOV   SP,#30H
        MOV   TMOD,#21H
        MOV   TH1,PWM                 ;脉宽调节
        MOV   TL1,#00H
        MOV   TH0,#0FCH               ;1ms延时常数
        MOV   TL0,#066H               ;频率调节
        SETB  EA
        SETB  ET0
        SETB  ET1
        SETB  TR0
LOOP: MOV  A ,PWM
      JB INCKEY ,LOOP1               ;增加键是否按下?
     CALL  DELAY                      ;延时去抖动
     JB INCKEY ,LOOP1
     CJNE  A,#0FFH,PWMINC             ;是否到最大值?
     CALL BEEP_BL                     ;是,蜂鸣器报警
     SJMP  LOOP
PWMINC:
     INC   PWM                        ;调节脉宽（脉宽减小）
     SJMP LOOP
```

```
LOOP1:   JB   DECKEY, LOOP2        ;减小键是否按下?
         CALL  DELAY               ;延时去抖动
         JB   DECKEY, LOOP2
         CJNE  A, #02H, PWMDEC      ;是否到最小值?
         CALL  BEEP_BL             ;是,蜂鸣器报警
         SJMP LOOP


PWMDEC: DEC  PWM                   ;调节脉宽(脉宽增加)
LOOP2:  SJMP  LOOP
;——————————————————————————
; T0 中断服务子程序   (频率)
;控制定时器 1 中断
;——————————————————————————
INTT0:
    CLR   TR1
    MOV TH0,#0FCH                  ;1ms延时常数
    MOV TL0,#066H                  ;频率调节
    MOV  TH1,PWM
    SETB TR1
    MOV   OUT, #00H                ;启动输出
    RETI
;——————————————————————————
;T1 中断服务子程序     (脉宽)
;控制 PWM   脉冲宽度
;——————————————————————————
INTT1:
    CLR  TR1                       ;脉宽调节结束
    MOV   OUT, #0FFH               ;结束输出
    RETI
;——————————————————————————
;10ms 延时子程序
;
DELAY:
    MOV R6, #50
DELAY1:
    MOV R7, #100
    DJNZ R7, $
    DJNZ R6, DELAY1
    RET
;——————————————————————————
;蜂鸣器响一声子程序
;
```

```
BEEP_BL:
      MOV      R6,#100
 BL1:  CALL    BL2
      CPL      BEEP
      DJNZ     R6,BL1
      MOV      R5,#25
      CALL     DELAY2
      RET
 BL2:  MOV      R7,#180
 BL3:  NOP
      DJNZ     R7,BL3
      RET
 DELAY2:              ;延时 R5×10ms
      MOV      R6,#50
 BL4:  MOV      R7,#100

 BL5:  DJNZ    R7,BL5
      DJNZ     R6,BL4
      DJNZ     R5,DELAY2
      RET
 ;---------------------------------------------------------
      END
```

上述程序是采用普通 51 系列单片机实现 PWM 波输出的方法。可以看到，实现 PWM 波的输出 MCU 始终处于对系统的支撑状态，如果主控制器有其他显示工作、计算工作等，主控制器不能及时响应中断，系统就处于瘫痪状态，无法正常工作。为解决此类问题，可以使用 SOC 片上系统芯片。

8.3　Cygnal 可编程计数器阵列

可编程计数器阵列（PCA0）提供增强的定时器功能，与标准 8051 计数器/定时器相比，它需要较少的 CPU 干预。PCA0 包含一个专用的 16 位计数器/定时器和 5 个 16 位捕捉/比较模块。每个捕捉/比较模块有其自己的 I/O 线（CEXn）。当被允许时，I/O 线通过交叉开关连到端口 I/O。计数器/定时器由一个可编程的时基信号驱动。时基信号有 6 个输入源：系统时钟、系统时钟/4、系统时钟/12、外部振荡器时钟源 8 分频、定时器 0 溢出、ECI 线上的外部时钟信号。每个捕捉/比较模块可以被编程为独立工作在下面 6 种工作方式之一：边沿触发捕捉、软件定时器、高速输出、频率输出、8 位 PWM 和 16 位 PWM（8.5 节对每种方式进行说明）。对 PCA 的编程和控制，是通过系统控制器的特殊功能寄存器来实现的。PCA 的基本原理框图示于图 8-5。

8.4　Cygnal 的 PCA 计数器/定时器

16 位的 PCA 计数器/定时器由两个 8 位的 SFR 组成：PCA0L 和 PCA0H。PCA0H 是 16 位计数器/定时器的高字节（MSB），而 PCA0L 是低字节（LSB）。在读 PCA0L 的同时自

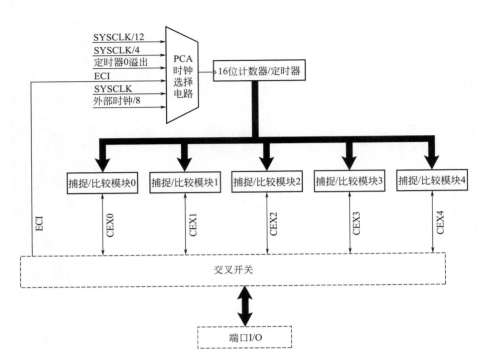

图 8-5   PCA 原理框图

动锁存 PCA0H 的值。先读 PCA0L 寄存器，将使 PCA0H 的值得到保持（在读 PCA0L 的同时），直到用户读 PCA0H 寄存器为止。读 PCA0H 或 PCA0L 不影响计数器工作。PCA0MD 寄存器中的 CPS2～CPS0 位，用于选择 PCA 计数器/定时器的时基信号，如表 8-1 所示。**注意**：在"外部振荡源/8 模式"，外部振荡源与系统时钟同步，其频率必须小于或等于系统时钟。

表 8-1   PCA 时基输入选择

CPS2	CPS1	CPS0	时 间 基 准
0	0	0	系统时钟的 12 分频
0	0	1	系统时钟的 4 分频
0	1	0	定时器 0 溢出
0	1	1	ECI 负跳变[①]（最大速率＝系统时钟频率/4）
1	0	0	系统时钟
1	0	1	外部振荡源 8 分频[②]

① ECI 输入信号的最小高或低电平时间至少应为 2 个系统时钟周期。

② 外部时钟 8 分频与系统时钟同步。

当计数器/定时器溢出时（从 0xFFFF 到 0x0000），PCA0MD 中的计数器溢出标志（CF）被置为逻辑 1，并产生一个中断请求（如果 CF 中断被允许）。将 PCA0MD 中 ECF 位设置为逻辑 1，即可允许 CF 标志产生中断请求。当 CPU 转向中断服务程序时，CF 位不能被硬件自动清除，必须用软件清 0。**注意**：要使 CF 中断得到响应，必须先总体允许 PCA0 中断。通过将 EA 位（IE.7）和 EPCA0 位（EIE1.3）设置为逻辑 1 来总体允许 PCA0 中断。清除 PCA0MD 寄存器中的 CIDL 位，将允许 PCA 在微控制器内核处于空闲方式时继续正常工作。如图 8-6 所示。

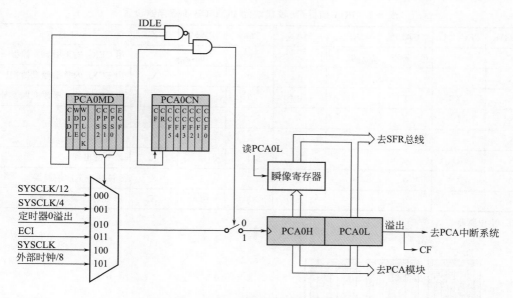

图 8-6　PCA 计数器/定时器原理框图

关于 PCA0CN 寄存器的重要注意事项：如果在执行一条读—修改—写指令（位操作 SETB 或 CLR、ANL、ORL、XRL）期间，PCA 计数器（PCA0H：PCA0L）发生溢出，则 CF（计数器溢出）位将不会被置"1"。当对 PCA0CN 寄存器执行位操作时，应按下述步骤进行：

① 禁止所有中断（EA＝0）；

② 读 PCA0L，此时 PCA0H 的值被锁存；

③ 读 PCA0H，保存读出值；

④ 执行对 CCFn 的位操作（例如 CLR CCF0 或 CCF0＝0）；

⑤ 读 PCA0L；

⑥ 读 PCA0H，保存读出值；

⑦ 如果在第③步读出的 PCA0H 值为 0xFF，并且在第 6 步读出的 PCA0H 值为 0x00，则用软件将 CF 位置"1"（例如 SETB CF 或 CF＝1）；

⑧ 重新允许中断（EA＝1）。

8.5　Cygnal 的捕捉/比较模块

每个模块都可被配置为独立工作，有 6 种工作方式：边沿触发捕捉、软件定时器、高速输出、频率输出、8 位脉宽调制器和 16 位脉宽调制器。每个模块在 CIP-51 系统控制器中都有属于自己的特殊功能寄存器（SFR）。这些寄存器用于配置模块的工作方式和与模块交换数据。

PCA0CPMn 寄存器用于配置 PCA 捕捉/比较模块的工作方式，表 8-2 概述了模块工作在不同方式时该寄存器各位的设置情况。置"1"，PCA0CPMn 寄存器中的 ECCFn 位将允许模块 CCFn 中断。**注意**：要使单独的 CCFn 中断得到响应，必须先整体允许 PCA0 中断。通过将 EA 位（IE.7）和 EPCA0 位（EIE1.3）设置为逻辑 1，来整体允许 PCA0 中断。PCA0 中断配置的详细信息见图 8-7。

表 8-2 PCA 捕捉/比较模块的 PCA0CPM 寄存器设置

PWM16	ECOM	CAPP	CAPN	MAN	TOG	PWM	ECCF	工作方式
X	X	1	0	0	0	0	X	用 CEXn 的正沿触发捕捉
X	X	0	1	0	0	0	X	用 ECXn 的负沿触发捕捉
X	X	1	1	0	0	0	X	用 CEXn 的电平改变触发捕捉
X	1	0	0	1	0	0	X	软件定时器
X	1	0	0	1	1	0	X	高速输出
X	1	0	0	X	1	1	X	频率输出
0	1	0	0	X	0	1	X	8 位脉冲宽度调制器
1	1	0	0	X	0	1	X	16 位脉冲宽度调制器

注：X＝忽略。

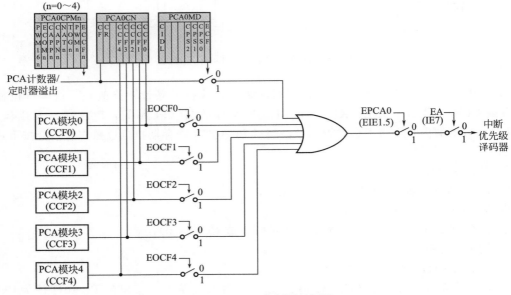

图 8-7 PCA0 中断原理框图

8.5.1 边沿触发的捕捉方式

捕捉方式原理框图见图 8-8。在该方式，CEXn 引脚上出现的有效电平变化，导致 PCA0 捕捉 PCA0 计数器/定时器的值，并将其装入到对应模块的 16 位捕捉/比较寄存器 (PCA0CPLn 和 PCA0CPHn)。

PCA0CPMn 寄存器中的 CAPPn 和 CAPNn 用于选择触发捕捉的电平变化类型：低电平到高电平（正沿）、高电平到低电平（负沿）或任何一种变化（正沿或负沿）。当捕捉发生时，PCA0CN 中的捕捉/比较标志（CCFn）被置为逻辑 1 并产生一个中断请求（如果 CCF 中断被允许）。当 CPU 转向中断服务程序时，CCFn 位不能被硬件自动清除，必须用软件清 0。

8.5.2 软件定时器（比较）方式

在软件定时器方式，如图 8-9 所示，系统将 PCA0 计数器/定时器与模块的 16 位捕捉/比较寄存器（PCA0CPHn 和 PCA0CPLn）进行比较。当发生匹配时，PCA0CN 中的捕捉/比较标志（CCFn）被置为逻辑 1 并产生一个中断请求（如果 CCF 中断被允许）。当

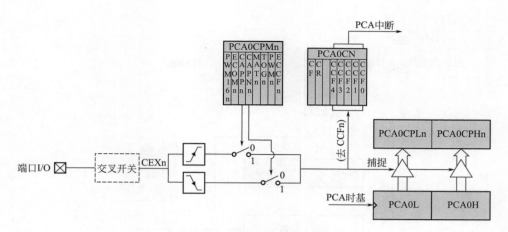

图 8-8 PCA 捕捉方式原理框图

注：CEXn 输入信号的高电平或低电平至少要持续 2 个系统时钟周期才能确保有效。

CPU 转向中断服务程序时，CCFn 位不能被硬件自动清除，必须用软件清 0。置"1"，PCA0CPMn寄存器中的 ECOMn 和 MATn 位将允许软件定时器方式。

关于捕捉/比较寄存器的重要注意事项：当向 PCA0 的捕捉/比较寄存器写入一个 16 位值时，应先写低字节。向 PCA0CPLn 的写入操作，将清"0"ECOMn 位；向 PCA0CPHn 写入时，将置"1"ECOMn 位。

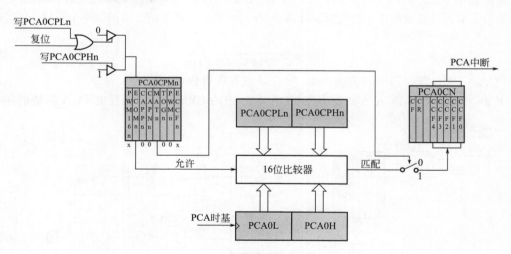

图 8-9 PCA 软件定时器方式原理框图

8.5.3 高速输出方式

在高速输出方式，如图 8-10 所示，每当 PCA 的计数器与模块的 16 位捕捉/比较寄存器（PCA0CPHn 和 PCA0CPLn）发生匹配时，模块的 CEXn 引脚上的逻辑电平将发生改变。置"1"，PCA0CPMn 寄存器中的 TOGn、MATn 和 ECOMn 位将使能高速输出方式。

关于捕捉/比较寄存器的重要注意事项：当向 PCA0 的捕捉/比较寄存器写入一个 16 位数值时，应先写低字节。向 PCA0CPLn 的写入操作，将清"0"ECOMn 位；向 PCA0CPHn 写入时，将置"1"ECOMn 位。

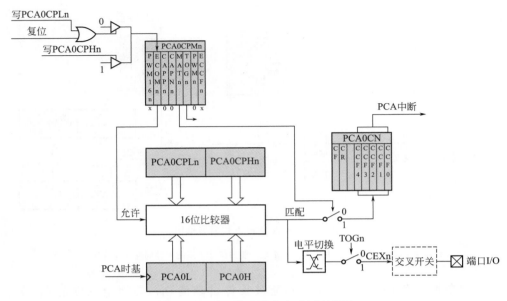

图 8-10　PCA 高速输出方式原理框图

8.5.4　频率输出方式

频率输出方式，如图 8-11 所示，在对应的 CEXn 引脚产生可编程频率的方波。捕捉/比较寄存器的高字节保持着输出电平改变前要计的 PCA 时钟数。所产生的方波的频率由式(8-1) 定义：

$$f_{\text{CEXn}} = \frac{f_{\text{PCA}}}{2 \times \text{PCA0CPHn}} \qquad (8\text{-}1)$$

PCA0CPHn 寄存器中的值为 0x00 时，对该方程等价于 256。

其中，f_{PCA} 是由 PCA 方式寄存器 PCA0MD 中的 CPS2～0 位选择的 PCA 时钟的频率。

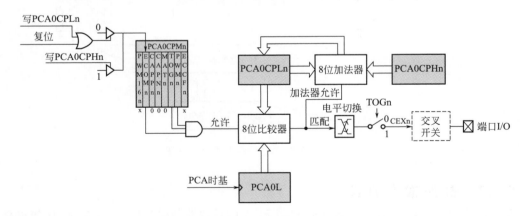

图 8-11　PCA 频率输出方式原理框图

捕捉/比较模块的低字节与 PCA0 计数器的低字节比较，两者匹配时，CEXn 的电平发生改变，高字节中的偏移值被加到 PCA0CPLn。**注意**：在该方式下如果允许模块匹配(CCFn) 中断，则发生中断的速率为 $2 \times f_{\text{CEXn}}$。通过置位 PCA0CPMn 寄存器中 ECOMn、TOGn 和 PWMn 位，来使能频率输出方式。

8.5.5　8 位脉宽调制器方式

每个模块都可以独立地在对应的 CEXn 引脚产生脉宽调制（PWM）输出。PWM 输出信号的频率取决于 PCA0 计数器/定时器的时基。使用模块的捕捉/比较寄存器 PCA0CPLn 改变 PWM 输出信号的占空比。当 PCA0 计数器/定时器的低字节（PCA0L）与 PCA0CPLn中的值相等时，CEXn 的输出被置"1"。当 PCA0L 中的计数值溢出时，CEXn 输出被置为低电平（图 8-12）。当计数器/定时器的低字节 PCA0L 溢出时（从 0xFF 到 0x00），保存在 PCA0CPHn 中的值被自动装入 PCA0CPLn，不需软件干预。置"1"，PCA0CPMn 寄存器中的 ECOMn 和 PWMn 位将使能 8 位脉冲宽度调制器方式。8 位 PWM 方式的占空比由式(8-2)给出：

$$占空比 = \frac{256 - PCA0CPHn}{256} \tag{8-2}$$

由式(8-2)可知，最大占空比为 100%（PCA0CPHn＝0），最小占空比为 0.39%（PCA0CPHn＝0xFF）。可以通过清"0"使 ECOMn 位产生 0% 的占空比。

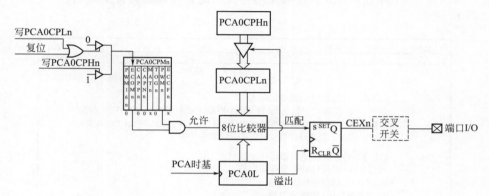

图 8-12　PCA 的 8 位 PWM 方式原理框图

关于捕捉/比较寄存器的重要注意事项：当向 PCA0 的捕捉/比较寄存器写入一个 16 位数值时，应先写低字节。向 PCA0CPLn 的写入操作，将清"0"ECOMn 位；向PCA0CPHn 写入时，将置"1"ECOMn 位。

8.5.6　16 位脉宽调制器方式

每个 PCA0 模块都可以工作在 16 位 PWM 方式，如图 8-13 所示。在该方式下，16 位捕捉/比较模块定义 PWM 信号低电平时间的 PCA0 时钟数。当 PCA0 计数器与模块的值匹配时，CEXn 的输出被置为高电平；当计数器溢出时，CEXn 的输出被置为低电平。为了输出一个占空比可变的波形，新值的写入应与 PCA0 CCFn 匹配，中断同步。置"1"，PCA0CPMn 寄存器中的 ECOMn、PWMn 和 PWM16n 将使能 16 位脉冲宽度调制器方式。为了输出一个占空比可变的波形，应将 CCFn 设置为逻辑"1"以允许匹配中断。16 位 PWM 方式的占空比由式(8-3)给出：

$$占空比 = \frac{65536 - PCA0CPn}{65536} \tag{8-3}$$

由式(8-3)可知，最大占空比为 100%（PCA0CPn＝0），最小占空比为 0.0015%（PCA0CPn＝0×FFFF）。可以通过清"0"ECOMn 位，产生 0% 的占空比。

关于捕捉/比较寄存器的重要注意事项：当向 PCA0 的捕捉/比较寄存器写入一个 16 位数值时，应先写低字节。向 PCA0CPLn 的写入操作，将清"0"ECOMn 位；向PCA0CPHn 写入时，将置"1"ECOMn 位。

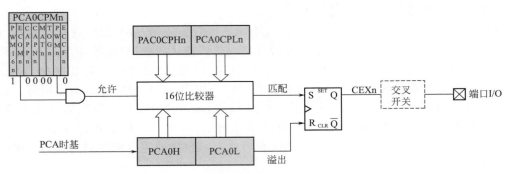

图 8-13　PCA 的 16 位 PWM 方式原理框图

8.6　PCA0 寄存器说明

图 8-14～图 8-20 对与 PCA0 工作有关的特殊功能寄存器进行详细说明。

R/W	R/W	R/W	R/W	R/W	R/W	R/W	R/W	复位值
CF	CR	—	CCF4	CCF3	CCF2	CCF1	CCF0	00000000
位7	位6	位5	位4	位3	位2	位1	位0	SFR地址:
							(可位寻址)	0xD8

位7　CF: PCA计数器/定时器溢出标志
　　　当PCA0计数器/定时器从0xFFFF到0x0000溢出时由硬件置位。在计数器/定时器溢出(CF)中断被允许时,该位置"1",将导致CPU转向CF中断服务程序。该位不能由硬件自动清0,必须用软件清0。

位6　CR: PCA0计数器/定时器运行控制
　　　该位允许/禁止PCA0计数器/定时器。
　　　0: 禁止PCA0计数器/定时器
　　　1: 允许PCA0计数器/定时器

位5　未用。读=0b,写=忽略。

位4　CCF4: PCA0模块4捕捉/比较标志
　　　在发生一次匹配或捕捉时该位由硬件置位。当CCF中断被允许时,该位置"1",将导致CPU转向CCF中断服务程序。该位不能由硬件自动清0,必须用软件清0。

位3　CCF3: PCA0模块3捕捉/比较标志
　　　在发生一次匹配或捕捉时该位由硬件置位。当CCF中断被允许时,该位置"1",将导致CPU转向CCF中断服务程序。该位不能由硬件自动清0,必须用软件清0。

位2　CCF2: PCA0模块2捕捉/比较标志
　　　在发生一次匹配或捕捉时该位由硬件置位。当CCF中断被允许时,该位置"1",将导致CPU转向CCF中断服务程序。该位不能由硬件自动清0,必须用软件清0。

位1　CCF1: PCA0模块1捕捉/比较标志
　　　在发生一次匹配或捕捉时该位由硬件置位。当CCF中断被允许时,该位置"1",将导致CPU转向CCF中断服务程序。该位不能由硬件自动清0,必须用软件清0。

位0　CCF0: PCA0模块0捕捉/比较标志
　　　在发生一次匹配或捕捉时该位由硬件置位。当CCF中断被允许时,该位置"1",将导致CPU转向CCF中断服务程序。该位不能由硬件自动清0,必须用软件清0。

图 8-14　PCA0CN: PCA0 控制寄存器

R/W	R/W	R/W	R/W	R/W	R/W	R/W	R/W	复位值
CIDL	—	—	—	CPS2	CPS1	CPS0	ECF	00000000
位7	位6	位5	位4	位3	位2	位1	位0	SFR地址: 0xD9

位7　　　CIDL: PCA0计数器/定时器空闲控制

规定CPU空闲方式下的PCA0工作方式。

0: 当系统控制器处于空闲方式时, PCA0继续正常工作。

1: 当系统控制器处于空闲方式时, PCA0停止工作。

位6~4　　未用　读=000b, 写=忽略。

位3~1　　CPS2~CPS0: PCA0计数器/定时器脉冲选择

这些位选择PCA0计数器的时基。

CPS2	CPS1	CPS0	时间基准
0	0	0	系统时钟的12分频
0	0	1	系统时钟的4分频
0	1	0	定量器0溢出
0	1	1	ECI负跳变(最大速率=系统时钟/4)[①]
1	0	0	系统时钟
1	0	1	外部时钟8分频[②]
1	1	0	保留
1	1	1	保留

①ECI输入信号的最小高电平和低电平时间至少为2个系统时钟周期。

②外部时钟8分频与系统时钟同步。

位0　　　ECF: PCA计数器/定时器溢出中断允许

该位是PCA0计数器/定时器溢出 (CF) 中断的屏蔽位。

0: 禁止CF中断。

1: 当CF (PCA0CN.7) 置位时, 允许PCA0计数器/定时器溢出中断请求。

图 8-15　PCA0MD：PCA0 方式选择寄存器

R/W	R/W	R/W	R/W	R/W	R/W	R/W	R/W	复位值
PWM16n	ECOMn	CAPPn	CAPNn	MATn	TOGn	PWMn	ECCFn	00000000
位7	位6	位5	位4	位3	位2	位1	位0	SFR地址: 0xDA～0xDE

PCA0CPMn地址:　PCA0CPM0=0xDA(n=0)
　　　　　　　　PCA0CPM1=0xDB(n=1)
　　　　　　　　PCA0CPM2=0xDC(n=2)
　　　　　　　　PCA0CPM3=0xDD(n=3)
　　　　　　　　PCA0CPM4=0xDE(n=4)

位7　PWM16n: 16位脉冲宽度调制使能
　　　当脉冲宽度调制方式被使能时(PWMn=1),该位选择16位方式。
　　　0: 选择8位PWM。
　　　1: 选择16位PWM。
位6　ECOMn: 比较器功能使能
　　　该位使能/禁止PCA0模块n的比较器功能。
　　　0: 禁止。　　1: 使能。
位5　CAPPn: 正沿捕捉功能使能
　　　该位使能/禁止PCA0模块n的正边沿捕捉。
　　　0: 禁止。　　1: 使能。
位4　CAPNn: 负沿捕捉功能使能
　　　该位使能/禁止PCA0模块n的负边沿捕捉。
　　　0: 禁止。　　1: 使能。
位3　MATn: 匹配功能使能
　　　该位使能/禁止PCA0模块n的匹配功能。如果被使能,当PCA0计数器与一
　　　个模块的捕捉/比较寄存器匹配时,PCA0MD寄存器中的CCFn位置位。
　　　0: 禁止。
　　　1: 使能。
位2　TOGn: 电平切换功能使能
　　　该位使能/禁止PCA0模块n的电平切换功能。如果被使能,当PCA0计数器与一
　　　个模块的捕捉/比较寄存器匹配时,CEXn引脚的逻辑电平切换。如果PWMn位
　　　也被置为逻辑1,则模块工作在频率输出方式。
　　　0: 禁止。
　　　1: 使能。
位1　PWMn: 脉宽调制方式使能
　　　该位使能/禁止PCA0模块n的PWM功能。如果被使能,CEXn引脚输出脉冲
　　　宽度调制信号。如果PWM16n为逻辑0,使用8位PWM方式;如果PWM16n为
　　　逻辑1,使用16位方式。如果TOGn位也被置为逻辑1,则模块工作在频率输出
　　　方式。
　　　0: 禁止。
　　　1: 使能。
位0　ECCFn: 捕捉/比较标志中断允许
　　　该位设置捕捉/比较标志(CCFn)的中断屏蔽。
　　　0: 禁止CCFn中断
　　　1: 当CCFn位被置1时,允许捕捉/比较标志的中断请求。

图 8-16　PCA0CPMn：PCA0 捕捉/比较寄存器

R/W	R/W	R/W	R/W	R/W	R/W	R/W	R/W	复位值
								00000000
位7	位6	位5	位4	位3	位2	位1	位0	SFR地址: 0xE9

位7～0　PCA0L: PCA0计数器/定时器的低字节
　　　　PCA0L寄存器保存16位PCA0计数器/定时器的低字节(LSB)。

图 8-17　PCA0L：PCA0 计数器/定时器低字节

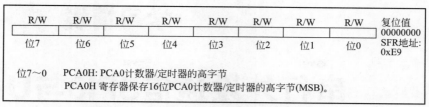

R/W	R/W	R/W	R/W	R/W	R/W	R/W	R/W	复位值 00000000
位7	位6	位5	位4	位3	位2	位1	位0	SFR地址: 0xE9

位7～0　PCA0H: PCA0计数器/定时器的高字节
　　　　PCA0H 寄存器保存16位PCA0计数器/定时器的高字节(MSB)。

图 8-18　PCA0H：PCA0 计数器/定时器高字节

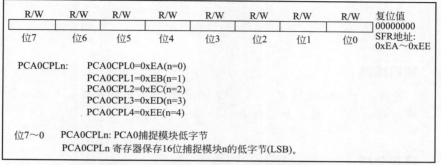

R/W	R/W	R/W	R/W	R/W	R/W	R/W	R/W	复位值 00000000
位7	位6	位5	位4	位3	位2	位1	位0	SFR地址: 0xEA～0xEE

PCA0CPLn:　PCA0CPL0=0xEA(n=0)
　　　　　　PCA0CPL1=0xEB(n=1)
　　　　　　PCA0CPL2=0xEC(n=2)
　　　　　　PCA0CPL3=0xED(n=3)
　　　　　　PCA0CPL4=0xEE(n=4)

位7～0　PCA0CPLn: PCA0捕捉模块低字节
　　　　PCA0CPLn 寄存器保存16位捕捉模块n的低字节(LSB)。

图 8-19　PCA0CPLn：PCA0 捕捉模块低字节

R/W	R/W	R/W	R/W	R/W	R/W	R/W	R/W	复位值 00000000
位7	位6	位5	位4	位3	位2	位1	位0	SFR地址: 0xFA～0xFE

PCA0CPHn:　PCA0CPH0=0xFA(n=0)
　　　　　　PCA0CPH1=0xFB(n=1)
　　　　　　PCA0CPH2=0xFC(n=2)
　　　　　　PCA0CPH3=0xFD(n=3)
　　　　　　PCA0CPH4=0xFE(n=4)

位7～0　PCA0CPHn: PCA0捕捉模块高字节
　　　　PCA0CPHn 寄存器保存16位捕捉模块n的高字节(MSB)。

图 8-20　PCA0CPHn：PCA0 捕捉模块高字节

思考题

1. 简述 PWM 电路基本原理依据。
2. 简述 PWM 电路的作用。
3. 简述 PWM 电路的特点。
4. 为什么 PWM 波控制变频器的输出波形可以非常接近正弦波？
5. 简述软件产生 PWM 波的调速原理。
6. 简述可编程计数器阵列（PCA0）工作过程。
7. 简述 PCA 计数器/定时器工作过程。
8. 边沿触发的捕捉方式是如何工作的？
9. 软件定时器（比较）方式是如何工作的？
10. 高速输出方式是如何工作的？
11. 频率输出方式是如何工作的？
12. 脉宽调制器（8 位）方式是如何工作的？
13. 脉宽调制器（16 位）方式是如何工作的？
14. 如何设置各种特殊功能寄存器实现 8 位 PWM 波输出？

串行外设通信SPI0与UART

项目描述

将片内 RAM 50H 起始单元的 16 个数由串行口发送。要求发送波特率为系统时钟的 32 分频，并进行奇偶校验。

项目分析

掌握发送串行数据程序设计语言、汇编语言的特点、各种寄存器的设置；详细了解传送的方式及指令功能。

知识点

① 串行通信的概念及产生方式。
② 寄存器设定指令格式与应用。
③ 查询或中断方式指令格式与应用。
④ 主从方式串行通信的特点与应用。

9.1 串行通信基础知识

(1) 串行通信基本原理

一条信息的各数据位被同时传送的通信方式，称为并行通信，如图 9-1(b) 所示。并行通信的特点是：各数据位同时传送，传送速度快、效率高，但有多少数据位就需多少根数据线，因此传送成本高，且只适用于近距离（相距数米）的通信。

基于单片机的 LED 电子显示屏设计

一条信息的各数据位被逐位按顺序传送的通信方式，称为串行通信，如图 9-1(a) 所示。串行通信的特点是：数据位传送，传送按位顺序进行，最少只需一根传输线即可完成，成本低，但传送速度慢。串行通信的距离可以从几米到几千米。

根据信息的传送方向，串行通信可以进一步分为单工、半双工和全双工三种。信息只能单向传送，称为单工；信息能双向传送但不能同时双向传送，称为半双工；信息能够同时双向传送，则称为全双工。串行通信又分为异步通信和同步通信两种方式。在单片机中，主要使用异步通信方式。

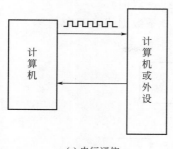
(a) 串行通信

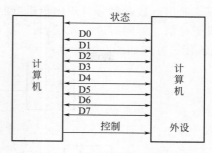
(b) 并行通信

图 9-1 串行通信与并行通信

并行数据传送与串行数据传送比较如表 9-1 所示。

表 9-1 并行数据传送与串行数据传送比较

类型	并行数据传送	串行数据传送
原理	各数据位同时传送	数据位按位顺序进行
优点	传送速度快、效率高	成本低
缺点	成本高	速度慢
应用	传送距离<30m,用于计算机内部	几米～几千公里,用于计算机与外设之间

(2) 串行通信的基本方式

① 异步通信 以字符为传送单位,用起始位和停止位标识每个字符的开始和结束字符,间隔不固定,只需字符传送时同步即可。

异步通信常用格式:一个字符帧

异步通信的双方需要两项约定。

a. 字符格式 1帧字符位数的规定:数据位、校验位、起始位和停止位。

b. 波特率(位/s)和传送速率的规定。

例:要求每秒传送 120 个字符,每帧为 10 位。

解:B＝120×10＝1200 波特,每位 0.83ms,则

$$数据位传送输率＝120×8＝960 位/s$$

② 同步通信 以一串字符为一个传送单位,字符间不加标识位。在一串字符开始用同步字符标识,硬件要求高,通信双方须严格同步。

(3) 串行接口功能

① 发送器 并→串数据格式转换,添加标识位和校验位。一帧发送结束,设置结束标志,申请中断。

② 接收器 串→并数据格式转换,检查错误,去掉标识位,保存有效数据,设置接收结束标志,申请中断。

③ 控制器 接收编程命令和控制参数,设置工作方式:同步/异步、字符格式、波特率、校验方式、数据位与同步时钟比例等。

(4) 串行通信传送方式

① 单工通信 数据单向传送 (1 条数据线,单向)。

② 半双工通信　数据可分时双向传送（2 条数据线，双向）。

③ 全双工通信　可同时进行发送和接收（1 条或 2 条数据线，双向）。

串行通信传送方式如图 9-2 所示。

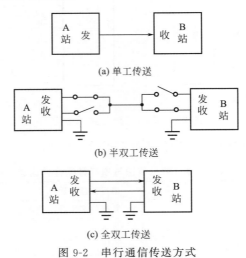

(a) 单工传送

(b) 半双工传送

(c) 全双工传送

图 9-2　串行通信传送方式

(5) 异步串行通信的信号形式

① 远距离直接传输数字信号，信号会发生畸变，因此要把数字信号转变为模拟信号再进行传送。可利用光缆、专用通信电缆或电话线。

方法　通常使用频率调制法（频带传送方式），如图 9-3 所示。通常"1"：1270 Hz 或 2225 Hz；"0"：1070 Hz 或 2025 Hz。

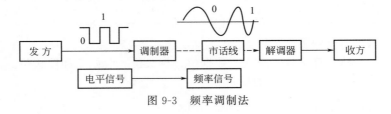

图 9-3　频率调制法

② 因通信时（有干扰）信号要衰减，所以常采用 RS-232 电平负逻辑，拉开"0"和"1"的电压档次，以免信息出错：

TTL 正逻辑	RS-232 负逻辑
"0"：0～2.4V； "1"：3.6～5V； 高阻：2.4～3.6V	"0"：+3～+25V； "1"：-3～-25V。 最大传输信息的长度为 15m

9.2　MCS-51 单片机串行口结构及工作方式

(1) MCS-51 单片机串行口的基本结构

串行数据通信主要有两个技术问题，一个数据传送，另一个数据转换。MCS-51 单片机有一个全双工的串行口，可作异步通信串行口（UART）用，也可作同步移位寄存器用。MCS-51 单片机串行口的字符帧格式可以是 8 位、10 位或 11 位，可以设置各种波特率，能方便地构成双机、多机串行通信接口。MCS-51 单片机的串行口的基本结构框图如图 9-4 所示，其组成为输入 SBUF、输出 SBUF、发送控制器、接收控制器、输入移位寄存器、输出控制门，两个同名的接收/发送缓冲寄存器 SBUF。

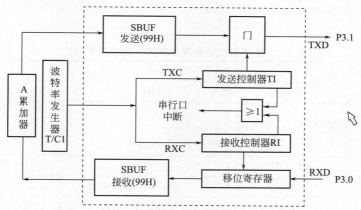

图 9-4　MCS-51 单片机串行口的基本结构框图

串行发送指令：

MOV　　SBUF,A　　　　;启动一次数据发送,可向 SBUF 再发送下一个数

串行接收指令：

MOV　　A,SBUF　　　　;完成一次数据接收,SBUF 可再接收下一个数

接收/发送数据，无论是否采用中断方式工作，每接收/发送一个数据都必须用指令对 RI/TI 清 0，以备下一次收/发。两个特殊功能寄存器 SCON 和 PCON 用来控制串行口的工作方式和波特率。

(2) MCS-51 单片机串行口的工作原理

MCS-51 单片机串行口工作原理如图 9-5 所示，主要由 T1 及内部的一些控制开关和分频器组成。它提供串行口的时钟信号为 TXCLK（发送时钟）和 RXCLK（接收时钟）。相应的控制波特率发生器的特殊功能寄存器有 TMOD、TCON、PCON、TL1、TH1 等。

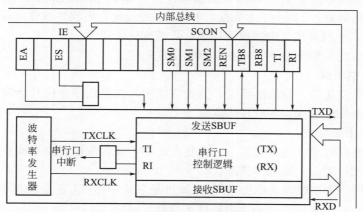

图 9-5　串行口工作原理图

(3) MCS-51 串行口控制寄存器

MCS-51 串行口是可编程接口，可以通过初始化编程来设置串行口的工作方式。串行口

的工作方式通过设置串行口控制寄存器 SCON 和电源控制寄存器 PCON 来设置。下面分别介绍这两个控制寄存器的地址与控制字的格式。

① 串行口控制寄存器 SCON   控制字格式见表 9-2。SCON 功能是串行数据通信方式选择、接收和发送控制以及串行口的状态标志。地址 98H。在编程时既可以字节寻址，也可以位寻址。

表 9-2　串行口控制寄存器 SCON 的控制字格式

D7	D6	D5	D4	D3	D2	D1	D0
SM0	SM1	SM2	REN	TB8	RB8	TI	RI

串行口控制寄存器 SCON 每位的功能如下。

a. SM0、SM1（D7，D6 位）　串行口工作方式选择位。

SM0	SM1	相应工作方式	说明	所用波特率
0	0	方式 0	8 位同步移位寄存器	$f_{osc}/12$
0	1	方式 1	10 位异步收发	由定时器控制
1	0	方式 2	11 位异步收发	$f_{osc}/32$ 或 $f_{osc}/64$
1	1	方式 3	11 位异步收发	由定时器控制

b. SM2　允许方式 2、3 中的多处理机通信位。

方式 2 或方式 3 时，若 SM2＝1，则：

• 当 RB8＝1 时，接收的数据送入 SBUF 中，并使 RI＝1，同时向 CPU 申请中断；

• 当 RB8＝0 时，丢弃接收的数据，使 RI＝0，这种功能可用于多处理机通信。

方式 2 或方式 3 时，若 SM2＝0，则不管第 9 位数据（RB8）是 0 还是 1，都置 RI＝1。

方式 0 时，SM2＝0。

方式 1 时，若 SM2＝1，只有接收到有效的停止位，接收中断 RI 才置 1。

c. REN　允许接收位。

REN＝0，禁止接收；REN＝1，允许接收。软件设置。

d. TB8　方式 2 和方式 3 中要发送的第 9 位数据。

在通信协议中，常规定 TB8 作为奇偶校验位。在 8051 多机通信中，TB8 用来表示主机发送的是地址还是数据：TB8＝0 为数据，TB8＝1 为地址。用软件置位/清除。

e. RB8　方式 2 和方式 3 中接收到的第 9 位数据。

方式 1 中接收的是停止位。方式 0 中不使用这一位。

f. TI　发送中断标志位。

方式 0 中，在发送第 8 位末尾置位；其他方式中，在发送停止位开始时设置。TI＝1 表示发送帧结束。由硬件置位，用软件清除。

g. RI　接收中断标志。

方式 0 中，在接收第 8 位末尾置位；其他方式中，在接收停止位中间设置。RI＝1 表示帧接收结束。由硬件置位，用软件清除。

TI 和 RI 是同一个中断源，CPU 事先不知道是发送中断 TI 还是接收中断 RI 产生的中断请求，所以在全双工通信时，必须由软件来判断。

系统复位后，SCON 中所有位都被清除。

② 电源控制寄存器 PCON   控制字格式见表 9-3。电源控制寄存器 PCON 仅有几位有定义，其中最高位 SMOD 与串行口控制有关，其他位与掉电方式有关。寄存器 PCON 的地

址为 87H，只能字节寻址。

表 9-3　电源控制寄存器 PCON 控制字格式

D7	D6	D5	D4	D3	D2	D1	D0
SMOD	—	—	—	GF1	GF0	PD	IDL

电源控制寄存器 PCON 每位的功能如下。

a. SMOD（PCON.7）　串行通信波特率系数控制位。

在串行口工作方式 1、2、3 中，波特率加倍位＝1 时，波特率加倍；＝0 时，波特率不加倍（在 PCON 中只有这一个位与串口有关）。

b. GF1，GF0　用户可自行定义使用的通用标志位。

c. PD　掉电控制位

　　＝0：常规方式；＝1：掉电方式。

d. IDL　待机控制位

　　＝0：常规方式；＝1：待机方式。

③ 串行接口相关 SFR—IE 与 IP

· ES：串行口中断允许控制位。

　　ES＝1，允许 RI/TI 中断；ES＝0，禁止 RI/TI 中断。

· PS：串行口中断优先级控制位

　　PS＝1，串行口设定为高优先级。

（4）串行口的工作方式

SM0、SM1 选择四种工作方式。

① 方式 0　同步移位寄存器方式。常用于扩展并行 I/O 接口。

a. 1 帧 8 位　无起始位和停止位。

b. RXD　数据输入/输出端。

　　TXD　同步脉冲输出端，每个脉冲对应一个数据位。

c. 波特率 $B=f_{osc}/12$

　　如：$f_{osc}=12MHz$，$B=1MHz$，每位数据占 $1\mu s$。

d. 发送过程　写入 SBUF，启动发送，1 帧发送结束，TI＝1。

　　接收过程　REN＝1 且 RI＝0，启动接收，1 帧接收完毕，RI＝1。

② 方式 1　10 位异步接收/发送（波特率可变）。串行口为 8 位异步通信接口。

a. 1 帧 10 位　8 位数据位，1 个起始位（0），1 个停止位（1）。

b. RXD　接收数据端。

　　TXD　发送数据端。

c. 波特率　用 T1 作为波特率发生器，$B=(2^{SMOD}/32)\times T1$ 溢出率。

d. 发送　写入 SBUF，同时启动发送，1 帧发送结束，TI＝1。

　　接收　REN＝1，允许接收。

接收完 1 帧，若 RI＝0 且停止位为 1（或 SM2＝0），将接收数据装入 SBUF，停止位装入 RB8，并使 RI＝1；否则丢弃接收数据，不置位 RI。

当 REN＝1，CPU 开始采样，RXD 引脚负跳变信号。若出现负跳变，才进入数据接收状态，先检测起始位，若第一位为 0，继续接收其余位；否则，停止接收，重新采样负跳变。

数据采样速率为波特率 16 倍频，在数据位中间，用第 7、8、9 个脉冲采样 3 次数据位，并 3 中取 2 保留采样值。

③ 方式 2 和方式 3　11 位异步接收/发送。串行口为 9 位异步通信接口。

a. 1 帧为 11 位　9 位数据位，1 个起始位（0），1 个停止位（1）。第 9 位数据位于 TB8/RB8 中，常用作校验位和多机通信标识位。

b. RXD　接收数据端，

　　TXD　发送数据端。

c. 波特率　方式 2 时，波特率是固定的，为振荡器频率的 1/32 或 1/64。

方式 3 时，波特率可变，由定时器/计数器 T1 的溢出决定，可用程序设定。

d. 发送　先装入 TB8，写入 SBUF 并启动发送，发送结束，TI＝1。

　　接收　REN＝1，允许接收。

接收完 1 帧，若 RI＝0 且第 9 位为 1（或 SM2＝0），将接收数据装入接收 SBUF，第 9 位装入 RB8，使 RI＝1；否则丢弃接收数据，不置位 RI。

④ 计算波特率

方式 0 为固定波特率：$B＝f_{osc}/12$。

方式 2 可选两种波特率：SMOD＝1 时为 $f_{osc}/32$，SMOD＝0 时为 $f_{osc}/64$。

方式 1、3 为可变波特率，用 T1 作波特率发生器，$B＝(2^{SMOD}/32)×T1$ 溢出率。其中，T1 溢出率$＝f_{osc}/[(256-N)×12]$，N 为定时器 T1 的计数初值。

⑤ 4 种方式比较

方式	波特率	传送位数	发送端	接收端	用途
0	$f_{osc}/12$	8（数据）	RXD	RXD	移位寄存器，扩充并口
1	定时器控制	10（起始位、8 位数据位、停止位）	TXD	RXD	单机通信
2	$f_{osc}/32$ 或 $f_{osc}/64$	11（起始位、8 位数据位、奇偶校验位、停止位）	TXD	RXD	多机通信
3	定时器控制	11 为同方式 2	TXD	RXD	多机通信

9.3　串行口的应用

(1) 串行口初始化编程格式

```
SIO:    MOV     SCON ,   #控制状态字        ; 写方式字且 TI＝RI＝0
        ( MOV   PCON ,   #80H )             ; 波特率加倍
        ( MOV   TMOD ,   #20H )             ; T1 作波特率发生器
        ( MOV   TH1 ,    #X )               ; 选定波特率
        ( MOV   TL1 ,    #X )
        ( SETB  TR1)
        ( SETB  EA )                        ; 开串行口中断
        ( SETB  ES )
```

① 发送程序　先发送一个字符，等待 TI＝1 后再发送下一个字符。

a. 查询方式

```
TRAM :  MOV    A，@R0         ; 取数据
        MOV    SBUF，A        ; 发送一个字符
WAIT :  JBC    TI，NEXT       ; 等待发送结果
        SJMP   WAIT
NEXT :  CLR    TI
        INC    R0             ; 准备下一次发送
        SJMP   TRAM
```

b. 中断方式

```
        ORG    0023H          ; 串行口中断入口
        AJMP   SINT
MAIN :  …                     ; 初始化编程
TRAM :  MOV    A, @ R0        ; 取数据
        MOV    SBUF, A        ; 发送第一个字符
H :     SJMP   H              ; 其他工作
SINT:   CLR    TI             ; 中断服务程序
        INC    R0
        MOV    A, @ R0        ; 取数据
        MOV    SBUF, A        ; 发送下一个字符
        RETI
```

② 接收程序　REN＝1、RI＝0 等待接收，当 RI＝1，从 SBUF 读取数据。

a. 查询方式

```
WAIT :  JBC    RI，NEXT       ; 查询等待
        SJMP   WAIT
NEXT :  MOV    A，SBUF        ; 读取接收数据
        MOV    @R0 , A        ; 保存数据
        CLR    RI
        INC    R0             ; 准备下一次接收
        SJMP   WAIT
```

b. 中断方式

```
        ORG    0023H
        AJMP   RINT
MAIN :  …                     ; 初始化编程
H :     SJMP   H              ; 其他任务
RINT:   CLR    RI             ; 清中断标志
        MOV    A，SBUF        ; 读取接收数据
        MOV    @R0 , A        ; 保存数据
        INC    R0
        RETI
```

（2）串行口方式 0：用于接移位寄存器扩充并口

串行口通过接口 74LS164 实现串行→并行的数据转换（显示器接口），见图 9-6(a)；通过接口 74LS165 实现并行→串行的数据转换，见图 9-6(b)。

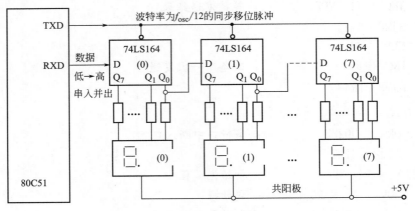

(a) 串入并出

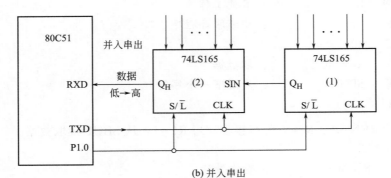

(b) 并入串出

图 9-6　串行口方式 0

程序（串入并出）

```
          MOV    R7，#20        ;送入 20 个字节
          MOV    R0，#20H       ;送首地址为 20H
          SETB                 ;置1，F0=1（设置读入字节奇偶数标志）
RCV0 :    CLR    P1.0          ;P1.0=0（并行置入数据）
          SETB   P1.0          ;P1.0=1（允许串行移位）
RCV1 :    MOV    SCON，#10H     ;允许方式 0 接收
          JNB    RI，$         ;等待 RI=1，顺序执行
          CLR    RI            ;RI=0 为下一帧数据的接收准备
          MOV    A，SBUF        ;取数
          MOV    @R0，A
          INC    R0
          CPL    F0            ;取反，F0=0
          JB     F0，RCV2       ;F0=1则转移，F0=0顺序执行
          DEC    R7            ;判断是否接收完偶数帧，接收完则重新并行置入
```

```
        SJMP    RCV1              ; 否则再接收一帧
RCV2：DJNZ    R7，RCV0           ; R7－1=0？ ≠0 跳（判断是否已读入预定字节数）
        ………                    ; 对读入数据进行处理
```

(3) 异步通信程序举例

① 发送程序　将片内 RAM 50H 起始单元的 16 个数由串行口发送。要求发送波特率为系统时钟的 32 分频，并进行奇偶校验。

```
MAINT：MOV    SCON，#80H         ; 串行口初始化
        MOV    PCON，#80H         ; 波特率
        SETB   EA
        SETB   ES                ; 开串行口中断
        MOV    R0，#50H           ; 设数据指针
        MOV    R7，#10H           ; 数据长度
LOOP ：MOV    A，@R0             ; 取一个字符
        MOV    C，P               ; 加奇偶校验
        MOV    TB8，C
        MOV    SBUF，A            ; 启动一次发送
HERE ：SJMP    HERE              ; CPU 执行其他任务


        ORG    0023H             ; 串行口中断入口
        AJMP   TRANI
TRANI：PUSH    A                 ; 保护现场
        PUSH   PSW
        CLR    TI                ; 清发送结束标志
        DJNZ   R7，NEXT          ; 是否发送完？
        CLR    ES                ; 发送完，关闭串行口中断
        SJMP   TEND
NEXT ：INC    R0                ; 未发送完，修改指针
        MOV    A，@R0             ; 取下一个字符
        MOV    C，P               ; 加奇偶校验
        MOV    TB8，C
        MOV    SBUF，A            ; 发送一个字符
        POP    PSW               ; 恢复现场
        POP    A
TEND ：RETI                      ; 中断返回
```

② 接收程序　串行输入 16 个字符，存入片内 RAM 的 50H 起始单元，串行口波特率为 2400（设晶振为 11.0592MHz）。

```
RECS ：MOV    SCON，#50H         ; 串行口方式 1 允许接收
        MOV    TMOD，#20H         ; T1 方式 2 定时
        MOV    TL1，#0F4H         ; 写入 T1 时间常数
```

```
          MOV     TH1，#0F4H
          SETB    TR1                 ; 启动 T1
          MOV     R0，#50H             ; 设数据指针
          MOV     R7，#10H             ; 接收数据长度
WAIT：JBC       RI，NEXT            ; 等待串行口接收
          SJMP    WAIT
NEXT：MOV       A，SBUF             ; 读取接收字符
          MOV     @R0，A              ; 保存一个字符
          CLR     RI
          INC     R0                  ; 修改指针
          DJNZ    R7，WAIT            ; 全部字符接收完?
          RET
```

③ 接收程序　串行输入 16 个字符，进行奇偶校验。

```
RECS：MOV       SCON，#0D0H         ; 串行口方式 3 允许接收
          MOV     TMOD，#20H          ; T1 方式 2 定时
          MOV     TL1，#0F4H          ; 写入 T1 时间常数
          MOV     TH1，#0F4H
          SETB    TR1                 ; 启动 T1
          MOV     R0，#50H            ; 设数据指针
          MOV     R7，#10H            ; 接收数据长度
WAIT：JBC       RI，NEXT            ; 等待串行口接收
          SJMP    WAIT
NEXT：MOV       A，SBUF             ; 取一个接收字符
          JNB     P，COMP             ; 奇偶校验
          JNB     RB8，ERR            ; P≠RB8，数据出错
          SJMP    RIGHT              ; P=RB8，数据正确
COMP：JB        RB8，ERR
RIGHT：MOV       @R0，A              ; 保存一个字符
          CLR     RI
          INC     R0                  ; 修改指针
          DJNZ    R7，WAIT            ; 全部字符接收完?
          CLR     F0                  ; F0=0，接收数据全部正确
RETERR：SETB     F0                  ; F0=1，接收数据出错
          RET
```

④ 主从分布式微机系统　也叫集散控制系统，从机（单片机）作数据采集或实时控制，主机（PC 机）作数据处理、中央管理等。

应用：过程控制、仪器仪表、生产自动化和企业管理等方面。

单机通信　直接传送串行通信接法，见图9-7。

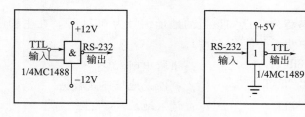

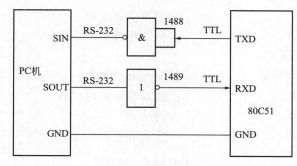

图 9-7　单机通信

PC 机调用的中断指令为：

　　INT 14H

多机通信系统　如图9-8 所示。

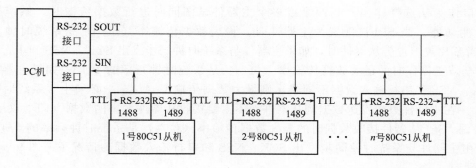

图 9-8　多机通信系统

PC 机要对某一指定了地址编号的单片机通信，就必须做好联络。

① PC 机处于发送状态，各单片机的串行口均处于接收状态并使其 SM2＝1，做好接收地址信息的准备。

② PC 机发出要通信的那台单片机的地址编号，然后发送通信数据。发地址时必须使第9 位信息为 1，发数据时必须使第 9 位数据为 0。

③ 各单片机收到 PC 机发来的地址信息后，因此时各 SM2＝1，所以将引起各单片机的中断。在中断服务程序中，判断 PC 机发来的地址是否是自身的地址编号，仅有符合地址编号的那台才使其 SM2＝0，其他不符合者仍是 SM2＝1。

④ 随着 PC 机信息的发出（第9 位信息为 0），因为符合地址编号的那台单片机此时已是 SM2＝0，所以这台单片机将再次进入中断，并在中断服务程序中接收 PC 机发

来的数据。那些地址不符者，不能进入中断（因 SM2＝1），也就不能接收串行来的数据。

接收机的中断服务程序　已知该机的地址编号为 05H 号，在主程序初始化中已设置了波特率，打开了串行中断，并使 SM2＝1。

```
        ORG   0023H              ;串行中断入口
        JNB   RB8, NEXT          ;判断是地址还是数据
        MOV   A, SBUF            ;读入地址
        XRL   A, #05H            ;判断地址是否相符
        JNZ   EXIT               ;不符则去中断
        CLR   SM2                ;地址相符则清 SM2
        SJMP  EXIT
NEXT:   MOV   A, SBUF            ;读入数据
        MOV   R0, A              ;数据存入片内 RAM
        INC   R0                 ;增地址
        CLR   RI                 ;清接收中断标志
EXIT:   RETI
```

9.4　串行外设接口总线（SPI0）

串行外设接口（SPI0）提供一个灵活的 4 线全双工串行总线。SPI0 可以作为主器件或从器件，并支持在同一总线上连接多个从器件和主器件。SPI0 接口包含一个从选择信号（NSS），用于选择 SPI0 为从器件；当 SPI0 作为主器件时，可以用额外的通用 I/O 端口作为从选择输出。当两个或多个主器件试图同时进行数据传输时，系统提供了冲突检测功能。当 SPI 被配置为主器件时，最大数据传输率（位/s）是系统时钟频率的 1/2。当 SPI 被配置为从器件时，如果主器件与系统时钟同步发出 SCK、NSS 和串行输入数据，则全双工操作时的最大数据传输率（位/s）是系统时钟频率的 1/10。如果主器件发出的 SCK、NSS 和串行输入数据不同步，则最大数据传输率（位/s）必须小于系统时钟频率的 1/10。在主器件只想发送数据到从器件而不需要接收从器件发出的数据（即半双工操作）的情况下，SPI 从器件接收数据时的最大数据传输率（位/s）是系统时钟频率的 1/4，这是在假设由主器件与系统时钟同步发出 SCK、NSS 和串行输入数据的情况下。图 9-9 所示为 SPI 原理图。

9.4.1　信号说明

下面介绍 SPI0 所使用的 4 个信号（MOSI、MISO、SCK、NSS）。

（1）主输出、从输入（MOSI）

主出从入（MOSI）信号是主器件的输出和从器件的输入，用于从主器件到从器件的串行数据传输。当 SPI0 作为主器件时，该信号是输出；当 SPI0 作为从器件时，该信号是输入。数据传输时最高位在先。

（2）主输入、从输出（MISO）

主入从出（MISO）信号是从器件的输出和主器件的输入，用于从从器件到主器件的串行数据传输。当 SPI0 作为主器件时，该信号是输入；当 SPI0 作为从器件时，该信号是输出。数据传输时最高位在先。当 SPI 从器件未被选中时，它将 MISO 引脚置于高阻状态。

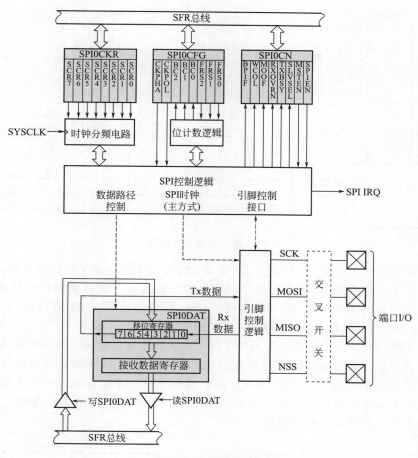

图 9-9　SPI 原理框图

(3) 串行时钟（SCK）

串行时钟（SCK）信号是主器件的输出和从器件的输入，用于同步主器件和从器件之间在 MOSI 和 MISO 线上的串行数据传输。当 SPI0 作为主器件时产生该信号。

(4) 从选择（NSS）

从选择（NSS）信号是一个输入信号，主器件用它来选择处于从方式的 SPI0 器件，在器件为主方式时用于禁止 SPI0。**注意**：NSS 信号总是作为 SPI0 的输入；当 SPI0 工作在主方式时，从选择信号必须是通用端口 I/O 引脚的输出。图 9-10 给出了一种典型配置。有关通用端口配置的详细信息见"17.1 端口 0-3 和优先权交叉开关译码器"。

当 SPI0 工作于从方式时，NSS 信号必须被拉为低电平以启动一次数据传输；当 NSS 被释放为高电平时，SPI0 将退出从方式。**注意**：在 NSS 变为高电平之前，接收的数据不会被锁存到接收缓冲器。对于多字节传输，在 SPI0 器件每接收一个字节后，NSS 必须被释放为高电平至少 4 个系统时钟。

9.4.2　SPI0 操作

只有 SPI 主器件能启动数据传输。通过将主允许标志（MSTEN，SPI0CN.1）置 1，使 SPI0 处于主方式。当处于主方式时，向 SPI0 数据寄存器（SPI0DAT）写入一个字节，将启动一次数据传输。SPI0 主器件立即在 MOSI 线上串行移出数据，同时在 SCK 上提供串行

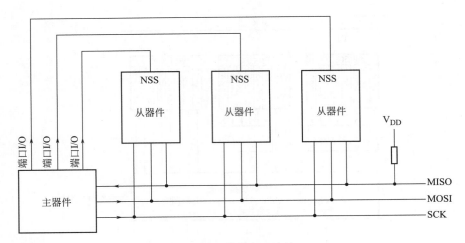

图 9-10   典型 SPI 连接

时钟。在传输结束后，SPIF（SPI0CN.7）标志被置为逻辑 1。如果中断被允许，在 SPIF 标志置位时将产生一个中断请求。SPI 主器件可以被配置为在一次传输操作中移入/移出 1～8 位数据，以适应具有不同字长度的从器件。SPI0 配置寄存器中的 SPIFRS 位（SPI0CFG［2：0］）用于选择一次传输操作中移入/移出的位数。

在全双工操作中，SPI 主器件在 MOSI 线上向从器件发送数据，被寻址的从器件可以同时在 MISO 线上向主器件发送其移位寄存器中的内容，所接收到的来自从器件的数据替换主器件数据寄存器中的数据。因此，SPIF 标志既作为发送完成标志，又作为接收数据准备好标志，两个方向上的数据传输由主器件产生的串行时钟同步。图 9-11 描述了一个 SPI 主器件和一个 SPI 从器件的全双工操作。

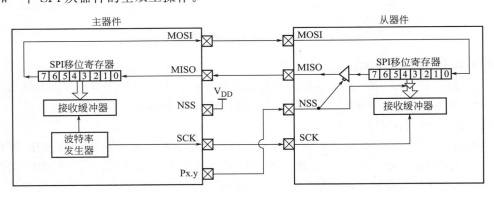

图 9-11   全双工操作

当 SPI0 被使能而未被配置为主器件时，它将作为从器件工作。另一个 SPI 主器件通过将其 NSS 信号驱动为低电平，启动一次数据传输。主器件用其串行时钟将移位寄存器中的数据移出到 MOSI 引脚。在一次数据传输结束后（当 NSS 信号变为高电平时），SPIF 标志被设置为逻辑 1。**注意**，在 NSS 的上升沿过后，接收缓冲器将总是含有从器件移位寄存器中的最后 8 位。从器件可以通过写 SPI0 数据寄存器来为下一次数据传输装载它的移位寄存器。从器件必须在主器件开始下一次数据传输之前至少一个 SPI 串行时钟周期写数据寄存器，否则，已经位于从器件移位寄存器中的数据字节将被发送。**注意**，NSS 信号必须在每次字节传输的第一个 SCK 有效沿之前至少两个系统时钟被驱动到低电平。

　　SPI0 数据寄存器对读操作而言是双缓冲的，但写操作时不是。如果在一次数据传输期间试图写 SPI0DAT，则 WCOL 标志（SPI0CN.6）将被设置为逻辑 1，写操作被忽略，而当前的数据传输不受影响。系统控制器读 SPI0 数据寄存器时，实际上是读接收缓冲器。在任何时刻，如果 SPI0 从器件检测到一个 NSS 上升沿，而接收缓冲器中仍保存着前一次传输未被读取的数据，则发生接收溢出，RXOVRN 标志（SPI0CN.4）被设置为逻辑 1，新数据不被传送到接收缓冲器，允许前面接收的数据等待读取，引起溢出的数据字节丢失。

　　多个主器件可以共存于同一总线。当 SPI0 被配置为主器件（MSTEN＝1），而其从选择信号 NSS 被拉为低电平时，方式错误标志（MODF，SPI0CN.5）被设置为逻辑 1。当方式错误标志被置 1 时，SPI 控制寄存器中的 MSTEN 和 SPIEN 位被硬件清除，从而将 SPI 模块置于"离线"状态。在一个多主环境，系统控制器应检查 SLVSEL 标志（SPI0CN.2）的状态，以保证在置"1"MSTEN 位和启动一次数据传输之前总线是空闲的。

9.4.3　串行时钟时序

　　如图 9-12 所示，使用 SPI0 配置寄存器（SPI0CFG）中的时钟控制选择位，可以在串行时钟相位和极性的四种组合中选择其一。CKPHA 位（SPI0CFG.7）选择两种时钟相位（锁存数据所用的边沿）中的一种。CKPOL 位（SPI0CFG.6）在高电平有效和低电平有效的时钟之间选择。主器件和从器件必须被配置为使用相同的时钟相位和极性。**注意**：在改变时钟相位和极性期间应禁止 SPI0（通过清除 SPIEN 位，SPI0CN.0）。

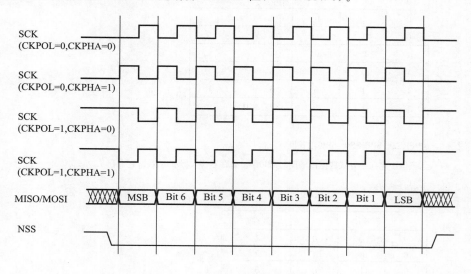

图 9-12　数据/时钟时序图

9.4.4　SPI 特殊功能寄存器

　　对 SPI0 的访问和控制是通过系统控制器中的 4 个特殊功能寄存器实现的：控制寄存器 SPI0CN、数据寄存器 SPI0DAT、配置寄存器 SPI0CFG 和时钟频率寄存器 SPI0CKR。这 4 个与 SPI0 总线操作有关的特殊功能寄存器介绍见图 9-13～图 9-16。

R/W	R/W	R	R	R	R/W	R/W	R/W	复位值
CKPHA	CKPOL	BC2	BC1	BC0	SPIFRS2	SPIFRS1	SPIFRS0	00000111
位7	位6	位5	位4	位3	位2	位1	位0	SFR地址: 0x9A

位7 CKPHA: SPI0时钟相位

该位控制SPI0时钟的相位。

0: 在SCK周期的第一个边沿采样数据。

1: 在SCK周期的第二个边沿采样数据。

位6 CKPOL: SPI0时钟极性

该位控制SPI0时钟的极性。

0: SCK在空闲状态时处于低电平。

1: SCK在空闲状态时处于高电平。

位5~3 BC2~BC0: SPI0位计数

指示发送到了SPI字的哪一位。

BC2~BC0			已发送的位
0	0	0	位0(LSB)
0	0	1	位1
0	1	0	位2
0	1	1	位3
1	0	0	位4
1	0	1	位5
1	1	0	位6
1	1	1	位7(MSB)

位2~0 SPIFRS2~SPIFRS0: SPI0帧长度

这三位决定在主方式数据传输期间SPI0移位寄存器移入/出的位数。它们在从

方式时被忽略。

SPIFRS			移位数
0	0	0	1
0	0	1	2
0	1	0	3
0	1	1	4
1	0	0	5
1	0	1	6
1	1	0	7
1	1	1	8

图 9-13 SPI0CFG：SPI0 配置寄存器

R/W	R/W	R/W	R/W	R	R	R/W	R/W	复位值
SPIF	WCOL	MODF	RXOVRN	TXBSY	SLVSEL	MSTEN	SPIEN	00000000
位7	位6	位5	位4	位3	位2	位1	位0	SFR地址:
							(可位寻址)	0xF8

位7　SPIF: SPI0中断标志

该位在数据传输结束后被硬件置为逻辑1。如果中断被允许,置1该位将会使CPU转到SPI0中断处理服务程序。该位不能被硬件自动清0,必须用软件清0。

位6　WCOL: 写冲突标志

该位由硬件置为逻辑1(并产生一个SPI0中断),表示数据传送期间对SPI0数据寄存器进行了写操作。如果中断被允许,置1该位将导致CPU转向SPI0中断服务程序。该位不会被硬件自动清0,必须用软件清0。

位5　MODF: 方式错误标志

当检测到主方式冲突(NSS为低电平, MSTEN=1)时,该位由硬件置为逻辑1(并产生一个SPI0中断)。如果中断被允许,置1该位将导致CPU转向SPI0中断服务程序。该位不能被硬件自动清0,必须用软件清0。

位4　RXOVRN: 接收溢出标志

当前传输的最后一位已经移入SPI0移位寄存器,而接收缓冲器中仍保存着前一次传输未被读取的数据时,该位由硬件置为逻辑1(并产生一个SPI0中断)。如果中断被允许,置1该位将导致CPU转向SPI0中断服务程序。该位不会被硬件自动清0,必须用软件清0

位3　TXBSY: 发送忙标志

当一个主方式传输正在进行时,该位被硬件置为逻辑1。在传输结束后,由硬件清0。

位2　SLVSEL: 从选择标志

该位在NSS引脚为低电平时置1,说明它被允许为从方式。它在NSS变为高电平时清0(从方式被禁止)

位1　MSTEN: 主方式使能位

0: 禁止主方式。以从方式操作。
1: 使能主方式。以主方式操作。

位0　SPIEN: SPI0使能位

该位使能/禁止SPI0。

0: 禁止SPI0
1: 使能SPI0

图 9-14　SPI0CN: SPI0 控制寄存器

图 9-15 所示的 SPI0 时钟速率寄存器 (SPI0CKR) 控制主方式的串行时钟频率。当工作于从方式时该寄存器被忽略。

R/W	R/W	R/W	R/W	R/W	R/W	R/W	R/W	复位值
SCR7	SCR6	SCR5	SCR4	SCR3	SCR2	SCR1	SCR0	00000000
位7	位6	位5	位4	位3	位2	位1	位0	SFR地址:
								0x9D

位7~0　SCR7~SCR0: SPI0时钟频率。

当SPI0模块被配置为工作于主方式时,这些位决定SCK输出的频率。SCK时钟频率是从系统时钟分频得到的,由下面的方程给出,其中SYSCLK是系统时钟频率, SPI0CKR是SPI0CKR寄存器中的8位值。

$$f_{SCK} = \frac{SYSCLK}{2 \times (SPI0CKR+1)}$$

$(0 \leqslant SPI0CKR \leqslant 255)$

例: 如果SYSCLK=2MHz, SPI0CKR=0x04, 则

$$f_{SCK} = \frac{2000000}{2 \times (4+1)} = 200kHz$$

图 9-15　SPI0CKR: SPI0 时钟速率寄存器

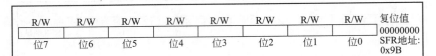

位7～0　SPI0DAT：SPI0发送和接收数据寄存器
SPI0DAT寄存器用于发送和接收SPI0数据。在主方式下，向SPI0DAT写入数
据时，数据立即进入移位寄存器并启动发送。读SPI0DAT返回接收缓冲器的
内容。

图 9-16　SPI0DAT：SPI0 数据寄存器

9.5　UART0

UART0 是一个具有帧错误检测和地址识别硬件的增强型串行口。UART0 可以工作在全双工异步方式或半双工同步方式，并且支持多处理器通信。接收数据被暂存于一个保持寄存器中，这就允许 UART0 在软件尚未读取前一个数据字节的情况下，开始接收第二个输入数据字节。

一个接收覆盖位用于指示新的接收数据已被锁存到接收缓冲器，而前一个接收数据尚未被读取。

对 UART0 的控制和访问是通过相关的特殊功能寄存器，即串行控制寄存器（SCON0）和串行数据缓冲器（SBUF0）来实现的。一个 SBUF0 地址可以访问发送寄存器和接收寄存器。读操作将自动访问接收寄存器，而写操作自动访问发送寄存器。

UART0 可以工作在查询或中断方式。UART0 有两个中断源：一个发送中断标志 TI0（SCON0.1，数据字节发送结束时置位）和一个接收中断标志 RI0（SCON0.0，接收完一个数据字节后置位）。当 CPU 转向中断服务程序时，硬件不清除 UART0 中断标志，中断标志必须用软件清除。这就是允许软件查询 UART0 中断的原因（发送完成或接收完成）。

UART0 原理框图如图 9-17 所示。

9.5.1　UART0 工作方式

UART0 提供四种工作方式（一种同步方式和三种异步方式），通过设置 SCON0 寄存器中的配置位选择，这四种方式提供不同的波特率和通信协议。表 9-4 概述了这四种方式。

表 9-4　UART0 工作方式

方式	同步性	波特率时钟	数据位	起始/停止位
0	同步	SYSCLK/12	8	无
1	异步	定时器 1 或定时器 2 溢出	8	一个起始位，一个停止位
2	异步	SYSCLK/32 或 SYSCLK/64	9	一个起始位，一个停止位
3	异步	定时器 1 或定时器 2 溢出	9	一个起始位，一个停止位

（1）方式 0：同步方式

方式 0 提供同步、半双工通信。在 RX0 引脚上发送和接收数据，TX0 引脚提供发送和接收的移位时钟。MCU 必须是主器件，因为它要为两个方向的数据传输产生移位时钟（见图 9-18 连接图）。

执行一条写 SBUF0 寄存器的指令时开始数据发送。发送/接收的数据为 8 位，LSB 在先（见图 9-19 时序图），在第 8 个位时间结束后发送中断标志 TI0（SCON0.1）置位。当接收允许位 REN0（SCON0.4）被设置为逻辑 1 并且接收中断标志 RI0（SCON0.0）被清

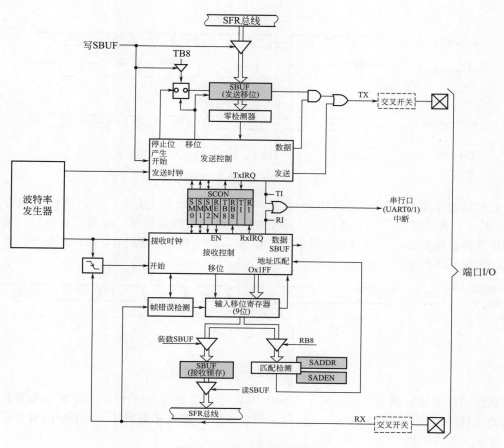

图 9-17 UART0 原理框图

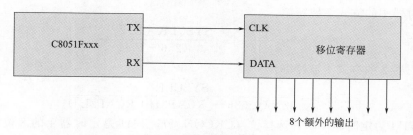

图 9-18 UART0 方式 0 连接

0 时，开始数据接收。在第 8 位被移入后，一个周期 RI0 标志置位，接收过程停止，直到软件清除 RI0 位。如果中断被允许，在 TI0 或 RI0 置位后将发生一次中断。

方式 0 的波特率是系统时钟频率/12。在方式 0，RX0 被强制为漏极开路方式，通常需要外接一个上拉电阻。

(2) 方式 1：8 位 UART，可变波特率

方式 1 提供标准的异步、全双工通信，每个数据字节共使用 10 位：1 个起始位、8 个数据位（LSB 在先）和 1 个停止位。数据从 TX0 引脚发送，在 RX0 引脚接收。在接收时，8 个数据位存入 SBUF0，停止位进入 RB80（SCON0.2）。

当执行一条向 SBUF0 寄存器写入一个字节的指令时，开始数据发送，见图 9-20。在发

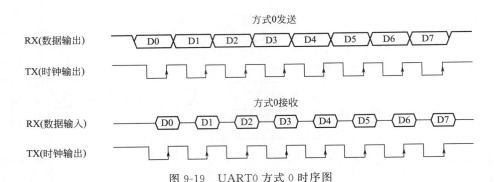

图 9-19   UART0 方式 0 时序图

送结束时（停止位开始），发送中断标志 TI0（SCON0.1）置位。在接收允许位 REN0（SCON0.4）被设置为逻辑 1 之后，任何时间都可以开始数据接收。收到停止位后，如果满足下述条件，则数据字节将被装入接收寄存器 SBUF0，RI0 为逻辑 0，并且如果 SM20 为逻辑 1，则停止位必须为 1。

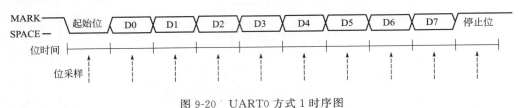

图 9-20   UART0 方式 1 时序图

如果这些条件满足，则 8 位数据被存入 SBUF0，停止位被存入 RB80，RI0 标志被置位。如果这些条件不满足，则不装入 SBUF0 和 RB80，RI0 标志也不被置 1。如果中断被允许，在 TI0 或 RI0 置位时将产生一个中断。

方式 1 的波特率是定时器溢出时间的函数，如方程式（9-1）和方程式（9-2）。

使用定时器 1 的方式 1 波特率：

$$波特率=\left(\frac{2^{SMOD0}}{32}\right)\times\left[\frac{SYSCLK\times12^{(TIM-1)}}{(256-TH1)}\right] \tag{9-1}$$

使用定时器 2 的方式 1 波特率：

$$波特率=\frac{SYSCLK}{32\times(65536-[RCAP2H:RCAP2L])} \tag{9-2}$$

其中，TIM 为定时器 1 时钟选择位（CKCON.4），TH1 是定时器 1 的 8 位重装载寄存器，SMOD0 是 UART0 的波特率加倍控制位（位于寄存器 PCON 中），[RCAP2H：RCAP2L] 是定时器 2 的重装载寄存器。

UART0 可以使用定时器 1 工作在 8 位自动重装载方式或定时器 2 工作在波特率发生器方式产生波特率（注意，TX 和 RX 时钟可以分别选择）。每次定时器发生溢出［从全 1（对定时器 1 为 0xFF，对定时器 2 为 0xFFFF）返回到 0］时，向波特率电路发送一个时钟脉冲。

通过将 TCLK0（T2CON.4）和/或 RCLK0（T2CON.5）被设置为逻辑 1 来选择定时器 2 为 TX 和/或 RX 的波特率时钟源。当 TCLK0 或 RCLK0 中的任何一个被置 1 时，定时器 2 就被强制进入波特率发生器方式，并使用系统时钟的二分频作为时钟源。如果 TCLK0 和/或 RCLK0 为逻辑 0，定时器 1 就成为 TX 和/或 RX 电路的波特率时钟源。

（3）方式2：9位UART，固定波特率

方式2提供异步、全双工通信，每个数据字节共使用11位：1个起始位、8个数据位（LSB在先）、1个可编程的第9位和1个停止位，见图9-21。方式2支持多处理器通信和硬件地址识别。在发送时，第9数据位由TB80（SCON0.3）中的值决定。它可以被赋值为PSW中的奇偶标志P，或用于多处理器通信。在接收时，第9数据位进入RB80（SCON0.2），停止位被忽略。

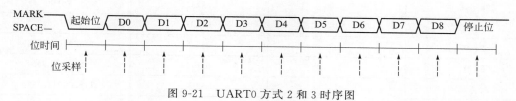

图9-21 UART0方式2和3时序图

当执行一条向SBUF0寄存器写入一个字节的指令时，开始数据发送，见图9-21。在发送结束时（停止位开始），发送中断标志TI0（SCON0.1）置位。在接收允许位REN0（SCON0.4）被设置为逻辑1之后，任何时间都可以开始数据接收。收到停止位后，如果RI0为逻辑0并且满足下述条件之一，则数据字节将被装入到接收寄存器SBUF0：

- SM20为逻辑0；
- SM20为逻辑1，接收的第9位为逻辑1，并且接收到的地址与UART0的地址匹配。

如果上述条件满足，则8位数据被存入SBUF0，第9位被存入RB80，RI0标志被置位。如果这些条件不满足，则不装入SBUF0和RB80，RI0标志也不被置1。如果中断被允许，在TI0或RI0置位时将产生一个中断。

方式2波特率为系统时钟频率的1/32或1/64，由寄存器PCON中的SMOD0位决定：

$$波特率 = 2^{SMOD0} \times \left(\frac{SYSCLK}{64} \right)$$

（4）方式3：9位UART，可变波特率

方式3使用方式2的传输协议，波特率的确定方式与方式1相同。方式3操作使用11位：1个起始位、8个数据位（LSB在先）、1个可编程的第9位和1个停止位。用定时器1或定时器2溢出产生波特率，见式(9-1)和式(9-2)。支持多机通信和硬件地址识别。

UART0方式1、2和3连接图如图9-22所示。

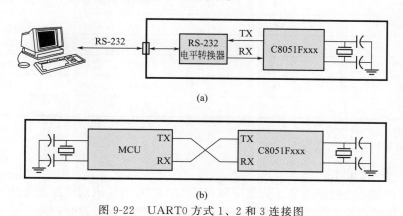

图9-22 UART0方式1、2和3连接图

产生标准波特率的振荡器频率如表 9-5 所示。

表 9-5 产生标准波特率的振荡器频率

振荡器频率/MHz	分频系数	定时器 1 装载值[①]	波特率[②]
25.0	434	0xE5	57600(57870)
25.0	868	0xCA	28800
24.576	320	0xEC	76800
24.576	848	0xCB	28800(28921)
24.0	208	0xF3	115200(115384)
24.0	833	0xCC	28800(28846)
23.592	205	0xF3	115200(113423)
23.592	819	0xCD	28800(28911)
22.1184	192	0xF4	115200
22.1184	768	0xD0	28800
18.432	160	0xF6	115200
18.432	640	0xD8	28800
16.5888	144	0xF7	115200
16.5888	576	0xDC	28800
14.7456	128	0xF8	115200
14.7456	512	0xE0	28800
12.9024	112	0xF9	115200
12.9024	448	0xE4	28800
11.0592	96	0xFA	115200
11.0592	384	0xE8	28800
9.216	80	0xFB	115200
9.216	320	0xEC	28800
7.3728	64	0xFC	115200
7.3728	256	0xF0	28800
5.5296	48	0xFD	115200
5.5296	192	0xF4	28800
3.6864	32	0xFE	115200
3.6864	128	0xF8	28800
1.8432	16	0xFF	115200
1.8432	64	0xFC	28800

① 假定 SMOD＝1 且 TIM＝1。
② 括号里的数是实际波特率。

9.5.2 多机通信

方式 2 和方式 3 通过使用第 9 数据位和内置 UART0 地址识别硬件，支持一个主处理器与一个或多个从处理器之间的多机通信。当主机开始一次数据传输时，先发送一个用于选择目标从机的地址字节。地址字节与数据字节的区别是：地址字节的第 9 位为逻辑 1；数据字节的第 9 位总是设置为逻辑 0。

UART0 地址是通过两个 SFR 编程的：SADDR0（串口地址）和 SADEN0（串口地址允许）。SADEN0 设置 SADDR0 中的地址的屏蔽位：SADEN0 中设置为逻辑"1"的位，对应于 SADDR0 中那些用来检查接收到的地址字节的位；SADEN0 中被设置为逻辑"0"的位，对应于 SADDR0 中那些"无关"位。

例：

SADDR0	＝00110101
SADEN0	＝00001111
UART0 地址＝xxxx0101	

例：

SADDR0	＝00110101
SADEN0	＝11110011
UART0 地址＝0011xx01	

例：

SADDR0	＝00110101
SADEN0	＝11000000
UART0 地址＝00xxxxxx	

如果从机的 SM20 位（SCON0.5）被置"1"，则只有当接收到的第 9 位为逻辑 1（RB80＝1），收到有效的停止位并且接收的数据字节与 UART0 从地址匹配时，UART0 才会产生中断。在接收地址的中断处理程序中，从机应清除它的 SM20 位，以允许后面接收数据字节时产生中断。一旦接收完整个消息，被寻址的从机应将它的 SM20 位重新置"1"，以忽略所有的数据传输，直到它收到下一个地址字节。在 SM20 为逻辑"1"时，UART0 忽略所有那些与 UART0 地址不匹配以及第 9 位不是逻辑"1"的字节。

可以将多个地址分配给一个从机，或将一个地址分配给多个从机，从而允许同时向多个从机进行"广播"式发送。广播地址是寄存器 SADDR0 和 SADEN0 的逻辑或，结果为"0"的那些位被视为"无关"。一般来说，广播地址 0xFF 会得到所有从机的响应，这里假设将"无关"位视为"1"。主机可以被配置为接收所有的传输数据，或通过实现某种协议，使主/从角色临时变换，以允许原来的主机和从机之间进行半双工通信。

UART 多机方式连接图如图 9-23 所示。

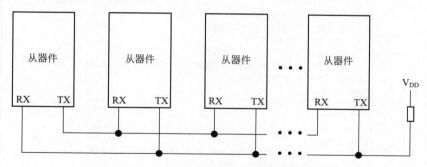

图 9-23 UART 多机方式连接图

9.5.3 帧错误和传输错误检测

当寄存器 PCON 中的 SSTAT0 位被设置为逻辑"1"时，下列方式具有帧错误检测功能。**注意**：要访问状态位（FE0、RXOVR0 和 TXCOL0）时，SSTAT0 位必须被设置为逻辑"1"；访问 UART0 方式选择位（SM00、SM10 和 SM20）时，SSTAT0 位必须被设置为逻辑"0"。

所有方式 当一次发送过程正在进行时，如果用户软件向 SBUF0 寄存器写数据，则发送冲突位（寄存器 SCON0 中的 TXCOL0）被置"1"。**注意**：当寄存器 PCON 中的 SSTAT0 位为逻辑"0"时，TXCOL0 位的功能是 SM20。

方式1、2和3 如果一个新的数据字节被锁存到接收缓冲器，而前面接收的字节尚未被读取，则接收覆盖位（寄存器 SCON0 中的 RXOVR0）被置"1"。**注意**：当寄存器 PCON 中的 SSTAT0 位为逻辑"0"时，RXOVR0 位的功能是 SM10。

如果检测到一个无效（低电平）停止位，则帧错误位（寄存器 SCON0 中的 FE0）被置"1"。**注意**：当寄存器 PCON 中的 SSTAT0 位为逻辑"0"时，FE0 位的功能是 SM00。

9.5.4 UART0 特殊功能寄存器

4 个与 UART0 有关的特殊功能寄存器介绍见图 9-24～图 9-27。

R/W	R/W	R/W	R/W	R/W	R/W	R/W	R/W	复位值
SM00/FE0	SM10/RXOV0	SM20/TXCOL0	REN0	TB80	RB80	TI0	RI0	00000000
位7	位6	位5	位4	位3	位2	位1	位0 (可位寻址)	SFR地址: 0x98

位7～6 这些位的功能由PCON中的SSTAT0位决定。
如果SSTAT0为逻辑"1"，这些位是UART0的状态指示位。
如果SSTAT0为逻辑"0"，这些位选择串行口的工作方式。
SM00～SM10: 串行口工作方式

SM00	SM10	方式
0	0	方式0: 同步方式
0	1	方式1: 8位UART, 可变波特率
1	0	方式2: 9位UART, 固定波特率
1	1	方式3: 9位UART, 可变波特率

位5 SM20: 多处理器通信允许
如果SSTAT0为逻辑"1"，该位是UART0的状态指示位。
如果SSTAT0为逻辑"0"，该位的功能取决于串行口的工作方式。
方式0: 无作用。
方式1: 检查有效停止位
0: 停止位的逻辑电平被忽略。
1: 只有当停止位为逻辑电平1时RI0激活。
方式2和方式3: 多机通信允许
0: 第9位的逻辑电平被忽略。
1: 只有当第9位为逻辑1并且接收到的地址与UART0地址或广播地址匹配时,RI0才被置位并产生中断。

位4 REN0: 接收允许
该位允许/禁止UART0接收。
0: UART0接收禁止
1: UART0接收允许

位3 TB80: 第9发送位
该位的逻辑电平被赋值给方式2和3的第9发送位。在方式0和1中未用。根据需要,用软件置位或清0。

位2 RB80: 第9接收位
该位被赋值为方式2和3中第9接收位的逻辑电平。在方式1, 如果SM20为逻辑0, 则RB80被赋值为所接收到的停止位的逻辑电平。RB80在方式0中未用。

位1 TI0: 发送中断标志
当UART0发送完一个字节数据时(方式0时是在发送完第8位后,其他方式在停止位的开始),该位被硬件置1。在UART0中断被允许时, 置1该位将导致CPU转到UART0中断服务程序。该位必须用软件手动清0。

位0 RI0: 接收中断标志
当UART0接收到一个字节数据时(根据SM20位的选择),该位被硬件置1。在UART0中断被允许时, 置1该位将会使CPU转到UART0中断服务程序。该位必须用软件手动清0。

图 9-24 SCON0：UART0 控制寄存器

R/W	R/W	R/W	R/W	R/W	R/W	R/W	R/W	复位值
位7	位6	位5	位4	位3	位2	位1	位0	00000000 SFR地址: 0x99

位7~0　SBUF0.[7:0]: UART0缓冲器位7~0(MSB-LSB)

该SFR实际上是两个寄存器: 一个发送移位寄存器和一个接收锁存寄存器。
当数据被写入SBUF0时, 它进入发送移位寄存器等待串行发送, 向SBUF0写
入一个字节, 即启动发送过程。读SBUF0时返回数据来自接收缓冲器。

图 9-25　SBUF0: UART0 数据缓冲寄存器

R/W	R/W	R/W	R/W	R/W	R/W	R/W	R/W	复位值
位7	位6	位5	位4	位3	位2	位1	位0	00000000 SFR地址: 0xA9

位7~0　SADDR0.[7:0]: UART0从地址

该寄存器的内容用于定义UART0的从地址。寄存器SADEN0是屏蔽字, 它决
定SADDR0中哪些位用于检查接收到的地址: 与SADEN0中被置"1"的那
些位对应的位被检查, 与SADEN0中被置"0"的那些位对应的位被忽略。

图 9-26　SADDR0: UART0 从地址寄存器

R/W	R/W	R/W	R/W	R/W	R/W	R/W	R/W	复位值
位7	位6	位5	位4	位3	位2	位1	位0	00000000 SFR地址: 0xB9

位7~0　SADEN0.[7:0]: UART0从地址使能

该寄存器中的位用于使能寄存器SADDR0中的对应位, 以确定UART0的从
地址。

0: SADDR0中的对应位被视为"无关"。

1: SADDR0中的对应位用于检查接收到的地址。

图 9-27　SADEN0: UART0 从地址使能寄存器

思考题

1. SPI0 所使用的 4 个信号（MOSI、MISO、SCK、NSS）各代表什么意义？

2. 向 SPI0 数据寄存器（SPI0DAT）写入一个字节系统将执行什么操作？

3. 画出典型 SPI 连接图。

4. 什么是串行异步通信？它有哪些特点？有哪几种帧格式？

5. 什么是串行同步通信？它有哪些特点？有哪几种帧格式？

6. 串行通信中, 数据在通信线上的传送方式有几种？是如何定义的？

7. 为什么定时器 T1 用作串行口波特率发生器时常采用工作方式 2？若已知系统时钟频率、通信选用的波特率，如何计算定时器的初值？

8. 8051 串行接口 UART 发送/接收的操作界面是什么？发送/接收完毕的标志位为什么设计成指令清零而不是自动清零？

9. 串行口控制寄存器 SCON 中 TB80、RB80 起什么作用？在什么时候使用？

10. 串行数据通信中有哪些数据检验和纠错技术？

学习情境 十

集成开发环境

项目描述

　　通过前面的学习已经可以实现一些单片机控制功能，现在要把所编写的程序输入到单片机存储器中，并通过目标板的相关功能实现输出功能。采用专业的软件把 .asm 转换成是 .hex 文件并写入单片机，对单片机目标板调整，完成功能。

项目分析

　　掌握下载专业软件的原理、下载方式的特点、各种单片机下载方法的不同点；详细了解 Ispdown 下载方式。

知识点

① 集成环境的种类。
② 各种单片机（如 MSC51、AVR）下载方式的不同点。
③ AT89S 系列 ISP 原理。
④ AVR 系列 ISP 原理。

10.1 系列单片机下载使用

10.1.1 ByteBlaster 下载线电路

锁存器的妙用

　　使用 Altera 下载线 ByteBlaster 或 ByteBlaster MV（在通电情况下，软件可对其进行识别），可以下载 ATMEL 的 89S、90、mega 系列单片机。若使用 Ispdown 编程器系列，可支持更多的芯片，如图 10-1 和图 10-2 所示。

　　Ispdown 下载线接口标准如图 10-3 所示。

10.1.2 AT89S 系列的 ISP 方法

　　AT89S 系列 ISP 原理如图 10-4 所示（以 89S51 为例，其他同）。

　　AT89S8252、AT89S8253 内部还有数据 EEPROM，可以在线编程。

　　如果复位电路由 RC 电路组成，则 RESET 引脚可以直接相连接。

　　下载接口第 1、9 脚输出口电阻 Rdl1、Rdl2 可以不接。

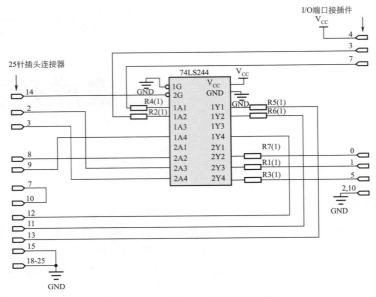

图 10-1 ByteBlaster 下载线电路图

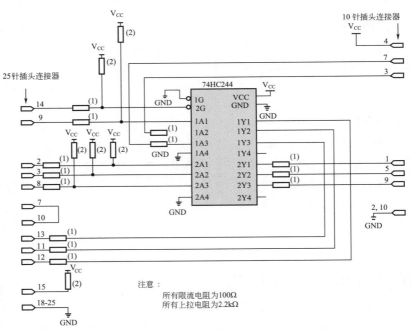

图 10-2 ByteBlaster MV 下载线电路图

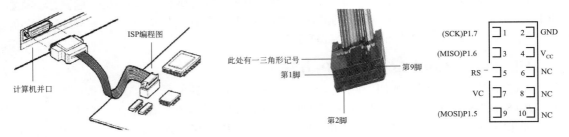

图 10-3 ATMEL 单片机下载标准检修图

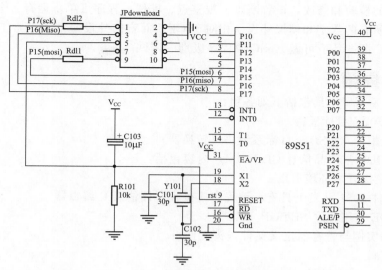

图 10-4　AT89S 系列 ISP 原理图

10.2　AVR 系列的 ISP 方法

AVR 系列 ISP 原理图如图 10-5 所示。

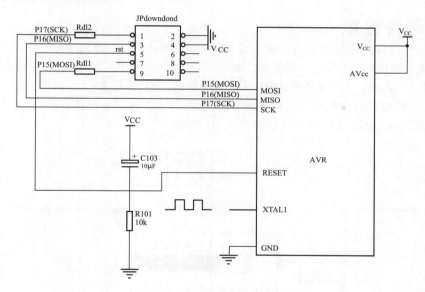

图 10-5　AVR 系列 ISP 原理图

AVR 内部还有数据 EEPROM，可以在线编程。

如果复位电路由 RC 电路组成，则 RESET 引脚可以直接相连接。

时钟输入可以选择如 89S51 形式的晶振加两个小电容来产生，也可以外部时钟输入到 XTAL1 引脚。

如果芯片只有 V_{CC} 电源引脚，电源接法如图 10-4 所示，如果还有 AV_{CC} 引脚，应参照图 10-5。

下载接口第 1、9 脚输出口电阻 Rdl1、Rdl2 可以不接。

Cygnal 提供集成调试环境，包括 IDE 软件与串口适配器 EC2、调试目标板，可实现存储器和寄存器的校验和修改，设置断点、观察点、堆栈，程序可单步运行、全速运行、停止等。在调试时所有的数字和模拟外设（相对于 CPU 而言的外设）都能正常工作，实时反映真实情况。IDE 调试环境可做 KeilC 源程序级别的调试。

10.3　工具箱

C8051F02X 开发工具包括下列各项：
① C8051F02X 目标板；
② 串行适配器（USB 至目标系统协议转换器）；
③ Silabs IDE 与产品信息 CD-ROM，内容包括
- Silabs 集成开发环境 IDE
- Keil 软件 8051 开发工具宏汇编程序连接程序评估版 C 编辑器
- 安装 IDE 实用程序 SETUP. EXE
④ 源代码实例与寄存器定义文件（头文件）；
⑤ 文档资料
- AC/DC 电源适配器
- USB 串行电缆
- 10 芯扁平电缆
- 快速启动指南

10.4　硬件连接

图 10-6 所示目标板通过串行适配器连接到运行 Silabs IDE 的 PC 机上：
① 连接 USB 串行电缆的一端至 PC 端口；
② 连接 USB 串行电缆的另一端至串行适配器的 USB 连接器；
③ 用 10 芯扁平电缆将串行适配器与目标板的 JTAG 连接器连接；
④ 将 AC/DC 电源与目标板的电源插孔 P1 连接。

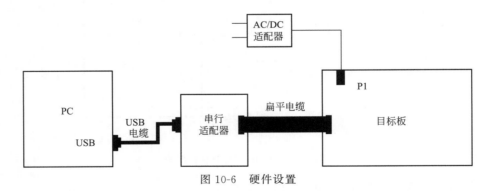

图 10-6　硬件设置

10.5　软件安装

附带的 CD-ROM 包括 Silabs 集成开发环境 IDE、Keil 软件 8051 工具和附加的文件。将 CD-ROM 插入 PC 的光盘驱动器，光盘会自启动生成一个目录，可以在目录上选择是安装 IDE 软件还是阅读文件（当插入 CD-ROM 时，如果安装程序不自动启动，可在 CD-ROM 的根目录中运行 autorun. exe）。关于 IDE 使用的问题与限定的最新资料，可看 CD-ROM 上的 README. TXT 文件。

10.6 Silabs 集成开发环境

附带的 CD-ROM 包含 Silabs 集成开发环境 Silabs IDE，集成了源代码编辑程序、源代码级调试程序和在系统 Flash 编程器，同时支持第三方编译器和汇编器的使用。此开发工具包含 Keil A51 宏编译程序、连接程序和评估版 C51 C 编译器，这些内容都可以在 Silabs IDE 中使用。

10.6.1 系统要求

Silabs IDE 要求如下：
- 奔腾级 PC 机，可运行 Microsoft Windows 95/98 Windows NT 或者 Windows 2000；
- 一个可用的 USB 端口；
- 最好带有 64MB RAM 与 40MB 的自由硬盘空间。

10.6.2 汇编程序和连接程序

Silabs IDE 包含了一套完全版的宏汇编程序和 BL51 连接程序，它们都能在安装 IDE 时同时被安装。

关于汇编程序和连接程序的参考手册，可以在 Silabs IDE 的 HELP 菜单中或者在 Silabs/hlp 目录下被找到（A51. PDF）。

10.6.3 评估版 C51 C 编译器

Silabs IDE 包含了一个评估版 C51 C 编译器，它能在安装 IDE 的同时被安装。评估版的 C51 编译器与完全版的编译器相比，有 4KB 代码容量的限制，并且不包含浮点库。C51 编译器参考手册可以在 Silabs/hlp 目录下被找到（C51. PDF）。

10.6.4 在 Silabs IDE 上使用 Keil 8051 软件工具

为了在 IDE 下实现源代码级调试，必须配置 Keil 工具，以生成一个带有目标扩展名的 OMF-51 格式的绝对目标文件，然后才能调试。可以在命令行中，比如批处理文件或生成文件，调出 Keil 8051 工具来生成 OMF-51 绝对目标文件，或者是使用 IDE 项目管理器。在使用 Silabs IDE 项目管理器时，默认的配置会激活目标扩展名，然后就可以调试了。

为了使用 Silabs IDE 项目管理器建立一个目标文件，必须首先新建一个项目，包含一系列文件、IDE 配置、调试界面和一个目标生成配置（当建立一个输出目标文件时，这些文件和工具配置被作为输入送到汇编程序、编译程序和连接程序中）。以下是新建一个或多个源文件编程及下载程序到目标板调试所必需的步骤。

(1) 生成一个项目

① 选择 File-New File，打开一个编辑窗口编辑并保存源文件（一旦文件被加上 C 或 ASM 扩展名保存，关键的语法会自动变成彩色）。

② 在右侧项目窗口 Project Windows 中的 New project 单击鼠标右键，选择 Add files to project。然后在随后的文件浏览窗口中选择一个文件加入项目并单击打开。

③ 选择想加入的文件组 File Group，单击 Add Group，重复步骤②和步骤③，将要的文件加入到项目中。

④ 右击 Project Windows 里的每一个想要汇编、编译和链接的文件，然后选择 Add file to build。每个文件都会根据它的扩展名被相应地编译或汇编，并且被连接到绝对目标文件上。

(2) 建立并下载程序调试

① 一旦所有的文件都被加到目标生成里，单击工具栏上的 Build 按钮（或选择 Project→

Build/Make Project），生成目标文件并下载程序到目标硬件中。

默认状态下，如果程序编译成功，IDE 将自动连接目标硬件并下载程序（这项功能可以被禁止，在 Project→Target Build Configuration 对话框中，选择 Enable automatic connect/download after build）。如果程序在编译时有错误，那么 IDE 不会下载程序。

② 当调试结束时，保存项目其实就是保存目标配置，编辑器设置所有打开窗口的位置。需要保存项目时，右击 Project Windows 中的 New Project，然后单击 Save as Project。

10.6.5　源程序实例

实例源程序在 Silabs CD-ROM 的"Examples"目录中提供。这些文件可以作为程序开发模板使用。C8051F02X 在默认状态下复位，启动看门狗定时器（WDT），在"快速启动"演示中的 BLINK.ASM 文件说明了停用 WDT 的正确方法，也说明了配置端口输入/输出交叉开关的方法。

10.6.6　寄存器定义文件（头文件）

寄存器定义文件定义了所有特殊功能寄存器以及可位寻址控制/状态位，这些文件在安装 IDE 时也同时被安装，并可以在 Example 目录下被找到。这些寄存器和控制位的名字与 C8051F02X 数据手册中使用的完全一样，这些文件也同时被安装到了 Keil 软件 8051 工具默认的目录下，所以在使用 Keil 8051 工具 A51、C51 时，就不用再复制寄存器定义文件到每一个项目文件的目录里了。

10.7　目标板

C8051F02X 开发工具包括一个目标板，目标板上已焊有一片 C8051F02X 芯片，可用于评估和初步的软件开发。为了便于使用目标板做原型设计，目标板上还提供了很多 I/O 口连接器，各连接器的位置见图 10-7。

P1——电源接插孔（输入 7～15V DC 未调整的电压）。

J1——连接 SW2 至 C8051F02X P1.7 引脚。

J3——连接 LED D3 至 C8051F0XX P1.6 引脚。

J5——DB9 连接器，用于 UART0 串口连接。

J6——跳线连接 UART0 TX 到 DB9。

J9——跳线连接 UART0 RX 到 DB9。

J11——模拟回送连接器。

J12～J19——Port0～7 连接器。

J20——模拟输入输出口接线排。

J22——V_{REF} 连接器。

J23——V_{DD} 监控器禁止。

J24——96 脚外扩 I/O 连接器。

JTAG——通过 10 线扁平电缆连接串行适配器至目标板。

10.7.1　系统时钟源

目标板上的 C8051F02X 器件有一个内部时钟，它在复位时被使能作为系统时钟，在复位后内部时钟以默认频率 2.0MHz 运行，也可以通过软件将其配置成其他频率 4.0MHz、8.0MHz、16.0MHz，所以在许多应用中不用再外接时钟。此外，目标板上也有一只 22.118MHz 的外部晶体，用于产生 UART 波特率。

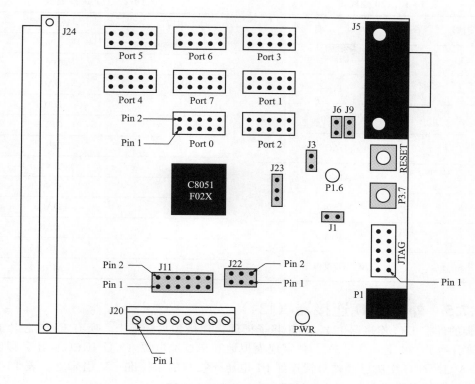

图 10-7　C8051F02X 目标板

10.7.2　按键和发光二极管

目标板上有两个按键和两个发光二极管按键 SW1 被连在 C8051F02X 的复位引脚上。按下 SW1，就使 C8051F02X 处于硬件复位状态。按键 SW2 被连到 C8051F02X 的通用引脚 P3.7 上，按下 SW2，将在 P3.7 上产生一个逻辑高电平，移开短接块，将断开 SW2 与 P3.7 之间的连接。

标有 PWR 的发光二极管用来显示电源是否被接到目标板。标有 P1.6 的指示灯通过 J3 被连到 C8051F02X 的通用口 P1.6 上，P1.6 信号也被连接到 J24 I/O 连接器的一个引脚上。移开短接块，将断开指示灯和 P1.6 之间的连接。

10.7.3　串口 J5

为了便于连接 C8051F02X 的 UART0，目标板上还提供 RS-232 收发器电路和一个 DB9 J5 连接器，通过在 J6 和 J9 上安装跳线，可以将 UART0 的 TX 和 RX 信号连接到 DB9 和收发器上。

J6 安一个短接块连接 UART TX P0.0 到收发器上。

J9 安一个短接块连接 UART RX P0.1 到收发器上。

10.7.4　模拟输入输出口 J11 和 J20

所有的模拟信号都被连到连接器 J24。此外，有几个模拟信号还被引到 J20 插线排上。表 10-1 是 J20 插线排的说明。跳接插块 J11 为连接 DAC0 和 DAC1 输出到不同的模拟输入提供了方便，只需在 J11 相邻的插针即 DAC 输出与模拟输入之间安置一个短接块，就可以完成这一功能。表 10-2 为 J11 引脚的定义。

表 10-1   J20 插线排

引脚	说　　明
1	CP0＋
2	CP0－
3	DAC0
4	DAC1
5	AIN0.0
6	AIN0.1
7	VREF0
8	AGND（模拟地）

表 10-2   J11 跳接插块

引脚	说　　明
1	CP0＋
2	CP0－
3	DAC0
4	DAC1
5	CP1＋
6	CP1－
7	AIN0.0
8	AIN0.1
9	DAC0
10	DAC1
11	AIN0.6
12	AIN0.7

10.7.5　外扩 I/O 连接器（J24）

96 脚的外扩 I/O 连接器 J24，用于将子插件板连接到目标板上。所有 F020 芯片的信号引脚都被引到了 J24 上，像＋3V、数字地模拟地和未校准电源（VUNREG）等引脚也可以被找到。VUNREG 引脚已经被直接连到 P1 电源连接器的未校准＋V 引脚上。表 10-3 是外扩 I/O 连接器的引脚说明。

表 10-3   J24 引脚说明

引脚	说　　明	引脚	说　　明	引脚	说　　明
A-1	＋3VD2（＋3.3V DC）	A-18	P6.0	B-3	P1.4
A-2	MONEN	A-19	P5.5	B-4	P1.1
A-3	P1.5	A-20	P5.2	B-5	P2.6
A-4	P1.2	A-21	P4.7	B-6	P2.3
A-5	P2.7	A-22	P4.4	B-7	P2.0
A-6	P2.4	A-23	P4.1	B-8	P3.5
A-7	P2.1	A-24	TCK	B-9	P3.2
A-8	P3.6	A-25	$\overline{RST}$	B-10	P0.7
A-9	P3.3	A-26	AGND	B-11	P0.4
A-10	P3.0	A-27	CP1－	B-12	P0.1
A-11	P0.5	A-28	CP0＋	B-13	P7.6
A-12	P0.2	A-29	VREF0	B-14	P7.3
A-13	P7.7	A-30	AIN0.6	B-15	P7.0
A-14	P7.4	A-31	AIN0.3	B-16	P6.5
A-15	P7.1	A-32	AIN0.0	B-17	P6.2
A-16	P6.6	B-1	DGND（Digital GND）	B-18	P5.7
A-17	P6.3	B-2	P1.7	B-19	P5.4

续表

引脚	说　明	引脚	说　明	引脚	说　明
B-20	P5.1	C-3	P1.3	C-18	P5.6
B-21	P4.6	C-4	P1.0	C-19	P5.3
B-22	P4.3	C-5	P2.5	C-20	P5.0
B-23	P4.0	C-6	P2.2	C-21	P4.5
B-24	TDI	C-7	P3.7	C-22	P4.2
B-25	DGND(Digital GND)	C-8	P3.4	C-23	TMS
B-26	DAC1	C-9	P3.1	C-24	TDO
B-27	CP1+	C-10	P0.6	C-25	VUNREG
B-28	VREF	C-11	P0.3	C-26	DAC0
B-29	VREF1	C-12	P0.0	C-27	CP0-
B-30	AIN0.5	C-13	P7.5	C-28	VREFD
B-31	AIN0.2	C-14	P7.2	C-29	AIN0.7
B-32	AGND(Analog GND)	C-15	P6.7	C-30	AIN0.4
C-1	XTAL1	C-16	P6.4	C-31	AIN0.1
C-2	P1.6	C-17	P6.1	C-32	AV+(+3.3V DC Analog)

10.7.6　电源检测器禁止跳线器 J23

C8051F02X 的电源监视器可以被禁止，只要移开跳线器 J23 上的脚 1-2 到 2-3 的短接块，就可以实现这一功能，如图 10-8 所示。

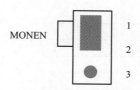

图 10-8　J23 跳线

10.7.7　目标板 JTAG 接口 J4

JTAG 接口 J4 连接的是 C8051F02X 的 JTAG 引脚，它用于系统在线调试和 Flash 编程时连接适配器到目标板。表 10-4 是 J4 引脚功能的定义。

表 10-4　JTAG 接口引脚定义

引线	说　明	引线	说　明
1	2.7～3.6V DC 输入	6	TDO
2,3,9	接地	7	TDI
4	TCK	8,10	没连接
5	TMS		

10.7.8　I/O 接口连接器（J12～J19）

除了所有的 I/O 口被连到了 96 脚的外扩连接器外，C8051F02X 的每个 8 位并口都有自己的 10 针插座连接器，每个连接器都为相应的引脚 0～7 及 +3.3V DC 和数字提供一个脚，

表 10-5 定义了连接器的引脚功能，各连接器的引脚顺序是同样的。

表 10-5 I/O 接口连接器说明

引线	说　明	引线	说　明
1	Pn. 0	6	Pn. 5
2	Pn. 1	7	Pn. 6
3	Pn. 2	8	Pn. 7
4	Pn. 3	9	+3.3V DC
5	Pn. 4	10	GND

10.7.9　VREF 连接器（J22）

VREF 跳线器用于连接 C8051F020 VREF 参考电压输出端到任何一个或所有参考电压的输入端。在 J22 上安装短接块：

① 1-2 连接 VREF 与 VREFD；

② 3-4 连接 VREF 与 VREF0；

③ 5-6 连接 VREF 与 VREF1。

10.8　串行适配器

串行适配器为连接 PC 的 USB 串行端口与 C8051F0XX 的 JATG 在系统调试/编程电路提供接口。串行适配器可以通过它的 10 针 JTAG 连接器从目标板上供电，或者可以用 AC/DC 电源直接供电（串行适配器不能向目标板供电）。图 10-9 说明了串行适配器的 JTAG 连接器的各引脚定义。

引　线	说　明
1	3.0～3.6V DC输入
2	接地
4	TCK
5	TMS
6	TDO
7	TDI
3, 8, 9, 10	没连接

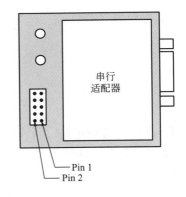

图 10-9　串行适配器 JTAG 连接器

注意

① 通过 JTAG 连接器给串行适配器供电时，输入至 JTAG 连接器的电压必须是 3.0～3.6V DC，否则，串行适配器必须通过连接 AC/DC 电源适配器接至串行适配器的 DC 电源插孔直接供电。

② 串行适配器需要≥32kHz 的目标系统时钟。

10.9　U-EC5 操作指南

C8051F 单片机的低价位开发套件是提供快速开发应用系统的工具。该套件包含了开发所需的软件和硬件，性能优于传统的仿真器。U-EC5 具有完全的 USB2.0 接口，免安装驱动程序，硬件加强型保护功能（减少使用不当造成的硬件损坏率），可实现单步、连续单步、断点、停止/运行，支持寄存器/存储器的观察和修改，下载程序到 Flash 存储器等功能。另一特点为可使用专用软件（U-EC5 中文编程软件）快速将程序代码烧录到 C8051F MCU 中。

10.9.1　U-EC5 调试适配器操作说明

（1）说明

① U-EC5 调试适配器适用于 C8051Fxxx 系列的所有芯片。

② 软件运行环境：Microsoft Windows 98/2000/NT/XP。

（2）硬件安装操作

按图 10-10 进行硬件连接（PC 机会自动识别，用户继续下一步操作）。

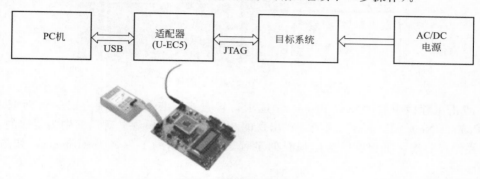

图 10-10　硬件连接

（3）使用操作

若用户在 IDE 中使用 U-EC5，则按以下步骤操作。

① 打开集成开发环境 "Silicon Laboratories IDE. exe"。

② 在菜单栏中点击 "Options" 选项，在其下拉子菜单中点击 "Connection Options" 选项，出现如图 10-11 的对话框，进行如下设置。

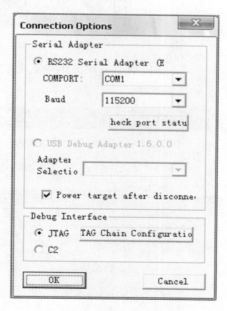

图 10-11　Connection Options 对话框

- 在 "Serial Adapter" 栏选择 "USB Debug Adatper"。
- 在 "DebugInterface" 栏中选择调试接口类型。当 MCU 为 C8051F00x/01x/02x/04x/06x/12x/2xx 系列时，选择 JTAG；当 MCU 为 C8051F3xx 系列时，选择 C2。

③ 在菜单栏中点击 "Debug" 选项，在其下拉子菜单中点击 "Connect" 选项，进行连接。成功则会激活 "Debug" 菜单下的其他操作，如图 10-12 所示。

图 10-12　Debug 菜单下的操作

④ 点击工程栏中的 "New Project" 选项，再点击鼠标右键，在出现的对话框中点击 "Save Project New _ Project" 选项，在出现的 "Save Workspace" 对话框中为要建的工程起个新名并保存起来，工程栏中会出现新的工程名，例如新的工程名为 project1，如图 10-13 所示。

图 10-13　工程名 project1

⑤ 用鼠标右键单击 "project1"，在出现的下拉菜单中点击 "Add Files to project1"，为工程添加文件，如图 10-14 所示。

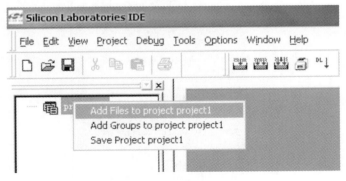

图 10-14　添加文件

⑥ 例如添加了 LED. c 文件，右键单击 LED. c，在出现的下拉菜单中点击 "Add led. c

to build"，如图 10-15 所示。

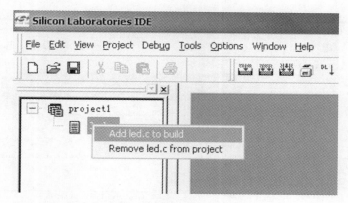

图 10-15　点击 Add led.c to build

⑦ 双击加载到 build 中的 led.c 文件，此文件在编辑窗口中打开，如图 10-16 所示。

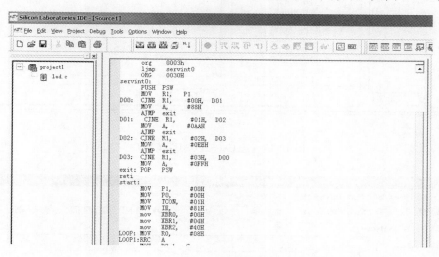

图 10-16　led.c 文件

⑧ 点击 进行工程编译，在输出窗口中显示 0 WARNING(S)，0 ERROR(S)，说明编译成功。

⑨ 点击 进行文件下载。

⑩ 点击 运行程序。

若用户在 Keil uVision2 下使用 U-EC5 进行项目开发，则安装设置按以下步骤操作。

保证 Keil uVision2 下安装了 C8051F 的驱动（SiC8051F_uv2.exe）。

a. Keil uVision2 软件配置　新建一个工程，例如选 C8051F020 为 CPU，如图 10-17 所示，选中 C8051F020 后点击确定按钮。

b. 需点击菜单栏 "Project Options for Target."选项，在出现的新对话框中点击菜单栏的 "Debug"选项，进行如下设置（图 10-18）以进行 C8051F 系列 MCU 的硬件调试：

• 选择 "use Silicon Laboratories C8051Fxxx"；

• 选择 "Go till main"；

• 在 "Setting" 中设置端口；

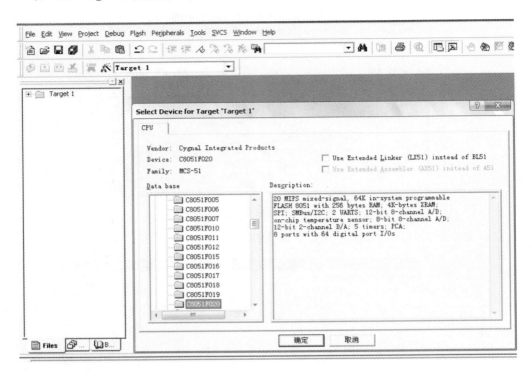

图 10-17　选 C8051F020 为 CPU

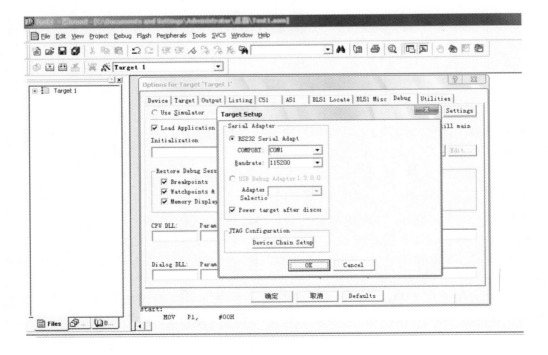

图 10-18　Debug 选项

•用户需点击菜单栏"Project/Options for Target."选项，在出现的新对话框中点击菜单栏的"Target"选项（图10-19），进行如下设置，以进行C8051F系列MCU的硬件调试。

　　设置Memory Model和Code Rom Size。

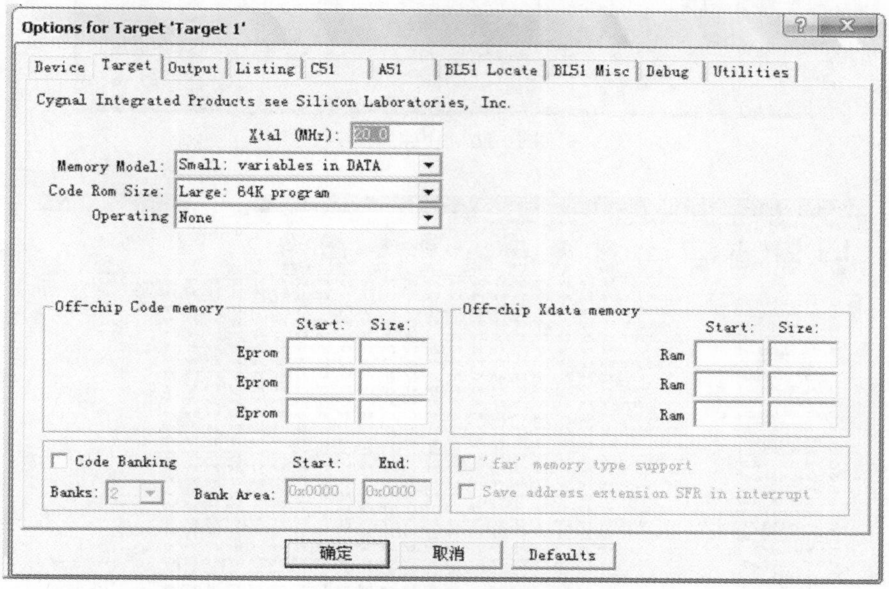

图 10-19　Target 选项

　　至此用户在Keil uVision2下使用U-EC5进行项目开发，安装设置操作完成，用户只需在工程中装入、编译、下载、运行此程序。

10.9.2　应用专用软件（U-EC5中文编程软件）快速烧录 C8051FMCU 操作说明

(1) 硬件安装操作
按图10-10进行硬件连接。

(2) 简介
① 适用C8051Fxxx系列的所有芯片。
② 可以装载HEX或BIN文件。
③ 无限升级，从网站上下载最新的软件即可实现升级。
④ 使用中文界面，操作简单。

(3) 使用要求
为可以正常工作，软、硬件环境必须满足如下要求：
① 586及586以上的PC及兼容机；
② Windows 98/NT4.0/2000/XP操作系统；
③ 符合USB2.0标准及与之兼容的USB接口；
④ 无需装载驱动。

(4) 使用说明
在安装IDE时已自动安装了"U-EC5中文下载程序"软件，打开生成的"U-EC5中文下载程序"软件，将出现如图10-20所示的界面。确定后如图10-21所示。

图 10-20　软件界面

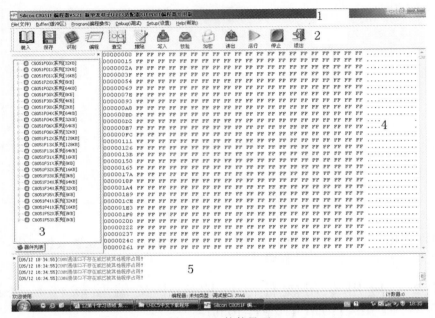

图 10-21　软件界面

1—菜单栏；2—快捷功能工具栏；3—器件型号栏；4—程序代码缓冲区；5—信息栏

(5) 菜单—File（文件）

如图 10-22 所示。

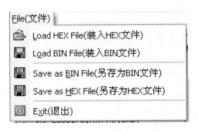

图 10-22　菜单—文件

① Load HEX File（装入 HEX 文件）　装载十六进制文件。

② Load BIN File（装入 BIN 文件）　装载二进制文件。

③ Save as BIN File（另存为 BIN 文件）　将当前文件保存为二进制文件。

④ Save as HEX File（另存为 HEX 文件）　将当前文件保存为十六进制文件。

⑤ Exit（退出）　退出当前程序。

（6）菜单—Buffer（缓冲区）

① Edit（编辑）　将缓冲区设置为可编辑状态。

② Clear（清除）　将缓冲区数据初始化为 0xff。

③ Fill（填充）　将缓冲区中某段数据填充为一固定值，如图 10-23 所示。

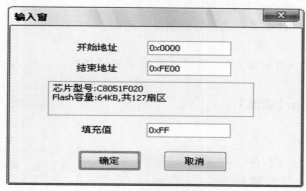

图 10-23　填充数据

④ Goto（转到）　将光标跳转到缓冲区的指定地址，如图 10-24 所示。

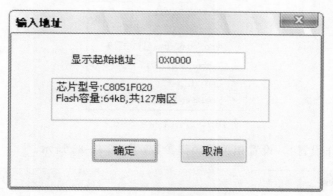

图 10-24　光标跳转位置

（7）菜单—Program（编程操作）

如图 10-25 所示。

图 10-25　菜单—Program

① Read（读出） 将芯片内 Flash 的内容读到缓冲区。

② Write（写入） 将缓冲区的内容写到芯片的 Flash。

③ Lock（加密） 将芯片加密。

④ Auto（自动操作） 按照参数设置内的"自动处理操作"对芯片操作。

⑤ Erase（擦除） 擦除芯片的内容。

⑥ Blank（查空） 检查芯片是否为空。

⑦ Verify（校验） 检查写入芯片的数据是否正确。

⑧ Identify（识别） 识别芯片的型号。

⑨ Batch Program（批量编程） 与器件连接后自动将缓冲区的内容写入芯片（适于批量生产）。

(8) 菜单—Debug（调试）

如图 10-26 所示。

① Run（运行） 执行程序。

② Halt（暂停） 停止程序。

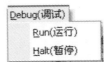

图 10-26 菜单—Debug

(9) 菜单—Setup（设置）

如图 10-27 所示。

图 10-27 菜单—Setup

① Setup（操作设置） 设置相关的操作参数，如图 10-28 所示。

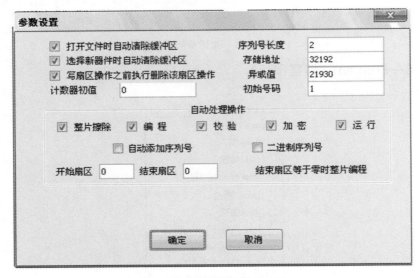

图 10-28 设置相关操作参数

• 是否允许"打开文件时自动清除缓冲区"。

- 是否允许"选择新器件时自动清除缓冲区"。
- 是否允许"写操作之前执行删除操作"。
- 计数器。批量生产时计算写芯片的数量。
- 是否允许自动添加序列号。此功能是为生产的产品在内存区的指定地址上注明生产的序列号。
- 序列号长度。指定所写字节的长度。
- 存储地址。指定序列号所要保存的地址。
- 异或值及初始号码。将此两项的值异或操作后存入指定的地址。
- 自动处理操作。选择自动处理时所执行的命令。

② Comm Setup（通信口设置）　软件自动识别通信口。

③ Restore（恢复面板）　恢复完整的编程器窗口。

④ Toolbar（工具栏）　显示/隐藏工具栏。

⑤ StatusBar（状态栏）　显示/隐藏状态栏。

（10）菜单—Help（帮助）

如图 10-29 所示。

图 10-29　菜单—Help

显示编程器的版本信息。

（11）往目标板下载程序使用步骤

① 打开"U-EC5 中文下载程序"软件。

② 在器件列表中选中所用 CPU 型号（在信息栏中会显示所选中的芯片型号）。

③ 点击快捷功能工具栏"识别"按钮，会在信息栏中显示所选中的芯片型号。如芯片加密无法识别，可先擦除，再点击识别。

④ 点击快捷功能工具栏的"装入"按钮，装入 HEX 文件或 BIN 文件。

⑤ 点击快捷功能工具栏的"自动"按钮或"擦除"、"写入"、"校验"、"加密"、"运行"按钮，完成程序的下载、运行工作。

10.10　在 5V 系统中应用 3.3V Cygnal 单片机解决方案

Cygnal 8051F MCU 的工作电压范围是 2.7～3.6V，目前很多基于 8051 的设计都用 5V 供电。现介绍如何在一个已有的 5V 系统中或已具有 5V 外设部件的系统中应用 Cygnal 的 8051F 系列 MCU。

在一个 5V 系统中应用 3V 器件时，必须注意下面的 3 个问题：

① 必须提供一个 3V 的标准电源；

② 5V 器件驱动 3V 输入；

③ 3V 器件驱动 5V 输入。

10.10.1　电源选择

有多重因素决定着采用何种方法从已有的 5V 电源提供 3V 电源。在这些因素中有 5V 电源的可靠性和系统电源的来源。对 5V 电源进行调节，提供 3V 电源的方案将增加设计的元件数，并有附加的功率消耗，后者在使用电池的低功耗应用中尤其重要。

（1）整流电源

可以从商业电源中选择电源，一般来说，这样的电源稳压效果比较差。为了提供"纯净"、稳定的 3V 电源，建议使用低压差稳压器（LDO）。

所选的 LDO 必须能为 MCU 和系统中其他的 3V 外设提供满足要求的电源。例如，C8051F001 在系统时钟频率为 20MHz，且模拟外设工作情况下的典型电流为 12mA。此外，如果还使用其他器件，如 LED，则设计的时候必须考虑所需要的附加电流。

（2）电池供电

电池通常能提供纯净的电源。但是使用电池的应用系统必须是低功耗的，因此多数情况下使用 DC-DC 变换器，因为它们的效率比 LDO 高。与 LDO 不同，DC-DC 变换器可以提供比输入电压高的输出电压，所以电源器件必须能在应用系统消耗最大电流的情况下提供正确的电压。

10.10.2　用 5V 输出驱动 3V 输入

将一个 5V 驱动器接到一个标准的 3V 输入时，由于有电流流入 ESD 保护器件，可能导致期间损坏或减少寿命。Cygnal 的 C8051F 系列器件使用耐 5V 电压的输入结构，因此，设计者可以将 5V 器件直接接到 Cygnal 器件的数字输入引脚，而不会产生有害电流。

10.10.3　用 3V 输出驱动 5V 输入

虽然 C8051F 系列器件的数字输入是 5V 兼容的，但输出的最大电压值为 V_{DD}（2.7～3.6V）。如果 5V 器件需要一个高于该 V_{DD} 的输入电压才能工作，则需要进行额外的配置。

为了提供一个比 V_{DD} 高的输入电压值，可以将端口引脚的输出方式设置为漏极开路，并将输出端通过一个上拉电阻接到 5V 电源。这样 C8051F 系列器件的逻辑 1 输出将被提升到 5V，而逻辑 0 为低电平，如图 10-30 所示。**注意：**复位后端口引脚的缺省设置为漏极开路。

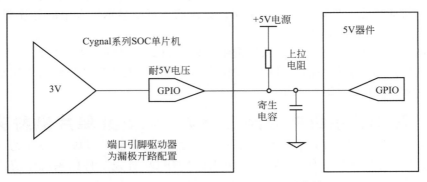

图 10-30　Cygnal 系列单片机驱动 5V 器件输入

上拉电阻选择

当端口引脚为逻辑 0 时，输出电压接近地电平。在该状态下，电流将通过上拉电阻和端口驱动器流入地。为了减小功耗，希望用一个大阻值的电阻使这个电流最小。

当端口引脚被设置为逻辑 1 时，输出驱动器关断，端口的输出通过一个上拉电阻被拉为高电平。信号的上升时间可能很长，由上拉电阻值和寄生电容值决定。寄生电容包括连线电容和输入电容。在图 10-30 所示的电路中，5V 电源通过上拉电阻给寄生电容充电，充电时间常数为寄生电容与上拉电阻的乘积：

$$V(t) = 5(1 - e^{-t/RC}) \text{ V}$$

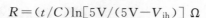

$$R = (t/C)\ln[5V/(5V-V_{ih})]\ \Omega$$

式中　V_{ih}——5V 器件输入逻辑电压；

　　　t——达到逻辑 1 的最大上升时间。

输出电压的下降时间（从 1 到 0）也有一个小的延时，但该时间与上升时间相比很小，可以忽略。

下面是一个计算上拉电阻 R 的例子。

使用 C8051 输出一个频率为 400kHz 的信号。一个 5V CMOS 器件使用该信号作为输入。寄生电容为 10pF，5V CMOS 器件的逻辑高电平 V_{ih} 为 $0.8V_{DD}$（或 4V），要满足电压上升时间在信号周期的 5% 时间内，求上拉电阻 R 的值。

解　上升时间 t 为：

$$t = 5\% \times 1/f = 5\% \times 1/(400000\,Hz) = 125\,ns$$

由上面求上拉电阻公式得：

$$\begin{aligned}R &= (t/C)\ln[5V/(5V-V_{ih})]\\ &= (125ns/10pF)\ln[5V/(5V-4V)] = 7.77\,k\Omega\end{aligned}$$

单片机知识扩展

11.1 嵌入式系统

嵌入式系统是以应用为中心，以计算机技术为基础，且软硬件可裁减，适应应用系统对功能、可靠性、成本、体积、功耗有严格要求的专用计算机系统。它一般由以下几部分组成：嵌入式微处理器、外围硬件设备、嵌入式操作系统、特定的应用程序。

嵌入式处理器是各嵌入式系统的核心部件，其功耗、体积、成本、可靠性、稳定性、速度、处理能力等方面均受到应用要求的制约。嵌入式处理器通常包括以下几个部分：处理器内核、地址总线、数据总线、控制总线、片上 I/O 接口电路及辅助电路（如时钟、复位电路等）。嵌入式处理器可以分为嵌入式微控制器（Microcontroller Unit）、嵌入式 DSP 处理器 EDSP（Embedded Digital Signal Processor）、嵌入式微处理器（Embedded Microprocessor Unit）以及嵌入式片上系统 SOC（System On Chip）。

（1）嵌入式微处理器

嵌入式微处理器和通用计算机中的微处理器相对应（通常称为 CPU）。在实际应用中，一般是将嵌入式微处理器装配在专门设计的一小块电路板上，使用时插接到应用电路板上，这样可以满足嵌入式系统体积小、功耗低、应用灵活的要求。

（2）嵌入式微控制器

嵌入式微控制器通常又称为单片机，将 CPU、存储器和其他外设封装在同一片集成电路里。

（3）嵌入式 DSP

这种微处理器专门对离散时间信号进行快速计算，以提高执行速度。DSP 广泛应用于数字滤波、图像处理等领域。

嵌入式微处理器与通用微处理器有许多相似之处，如对外的接口、各类总线及辅助电路接口，也有相似的指令功能分类。它们的不同之处如下。

① 处理器的结构设计不同　嵌入式微处理器与通用微处理器在结构设计上有很大区别，如流水线的结构设计。

② 指令的形式不同　嵌入式微处理器一般使用精简指令集（RISC），而通用微处理器则使用复杂指令集（CISC）。

③ 处理器的工艺和应用指标不同　由于嵌入式系统通常应用在特殊的场合，因此对处理器的工艺及应用指标（如环境温度等条件）也有不同要求。

一般所讲的嵌入式处理器主要指嵌入式微处理器。

11.2 ARM 开发基础知识

11.2.1 ARM 简介

ARM（Advanced RISC Machines）有三种含义，它是一个公司的名称，是一类微处理器的通称，还是一种技术的名称。

ARM 公司是微处理器行业的一家知名企业，设计了大量高性能、廉价、低耗能的 RISC（Reduced Instruction Set Computing，精简指令集计算机处理器）芯片，并开发了相关技术和软件。

ARM 处理器具有性能高、成本低和能耗低的特点，适用于嵌入式控制、消费教育类多媒体、DSP 和移动式应用等领域。

ARM 公司本身不生产芯片，由合作伙伴公司来生产各具特色的芯片。ARM 公司专注于设计，设计的芯片内核耗电少，成本低，功能强，特有 16/32 位双指令集。ARM 已成为移动通信、手持计算和多媒体数字消费等嵌入式解决方案的 RISC 实际标准。

11.2.2　ARM 微处理器特点

采用 RISC 架构的 ARM 微处理器具有如下特点：

① 体积小，低功耗，低成本，高性能；

② 支持 Thumb（16 位）/ARM（32 位）双指令集，能很好地兼容 8 位/16 位器件；

③ 大量使用寄存器，指令执行速度更快；

④ 大多数数据操作都在寄存器中完成；

⑤ 寻址方式灵活简单，执行效率高；

⑥ 指令长度固定。

11.2.3　ARM 应用领域

（1）工业控制领域

作为 32 位的 RISC 架构，基于 ARM 核的微控制器芯片不但占据了高端微控制器市场的大部分市场份额，同时也逐渐向低端微控制器应用领域扩展，ARM 微控制器的低功耗、高性价比，向传统的 8 位/16 位微控制器提出了挑战。

（2）无线通信领域

目前已有超过 85% 的无线通信设备采用了 ARM 技术，ARM 以其高性能和低成本，在该领域的地位日益巩固。

（3）网络应用

随着宽带技术的推广，采用 ARM 技术的 ADSL 芯片正逐步获得竞争优势。此外，ARM 在语音及视频处理上进行了优化，并获得广泛支持，也对 DSP 的应用领域提出了挑战。

（4）消费类电子产品

ARM 技术在目前流行的数字音频播放器、数字机顶盒和游戏机中得到广泛采用。

（5）成像和安全产品

现在流行的数码相机和打印机中绝大部分采用 ARM 技术。手机中的 32 位 SIM 智能卡也采用了 ARM 技术。

11.2.4　ARM 内核

ARM 内核当前有 6 个产品系列：ARM7、ARM9、ARM9E、ARM10E、ARM11 和 SecurCore，其中 ARM11 为最近推出的产品。进一步的产品来自于合作伙伴，例如 Intel Xscale。ARM7、ARM9、ARM9E、ARM10E 是 4 个通用处理器系列。每个系列提供一套特定的性能来满足设计者对功耗、性能、体积的需求。SecurCore 是专门为安全设备而设计的。

（1）ARM7

ARM7 内核采用冯·诺伊曼体系结构，数据和指令使用同一条总线。内核有一条 3 级流水线，执行 ARMv4 指令集，主频最高可达 130MIPS（指每秒执行的百万条指令数）。ARM7 系列处理器主要用于对功耗和成本要求比较苛刻的消费类产品。ARM7 系列包括 ARM7TDMI、ARM7TDMI-S、ARM7EJ-S 和 ARM720T 四种类型，主要用于适应不同的市场需求。值得注意的是 ARM7 没有 MMU 单元。

ARM7 系列微处理器的主要应用领域为工业控制、Internet 设备、网络和调制解调器设备、移动电话等多种多媒体和嵌入式应用。

（2）ARM9

ARM9 系列于 1997 年问世。由于采用了 5 级指令流水线，ARM9 处理器能够运行在比 ARM7 更高的时钟频率上，改善了处理器的整体性能。存储器系统根据哈佛体系结构（程序和数据空间独立的体系结构）重新设计，区分了数据总线和指令总线。

ARM9 系列的第一个处理器是 ARM920T，包含独立的数据指令 Cache 和 MMU。此处理器能够被用在要求有虚拟存储器支持的操作系统上。此系列的 ARM922T 是 ARM920T 的变种，只有一半大小的数据指令 Cache。

ARM9 系列微处理器主要应用于无线设备、仪器仪表、安全系统、机顶盒、高端打印机、数字照相机和数字摄像机等。

（3）ARM9E

ARM9E 系列微处理器为综合处理器，使用单一的处理器内核提供了微控制器、DSP、Java 应用系统的解决方案，极大地减少了芯片的面积和系统的复杂程度。

ARM9E 系列微处理器提供了增强的 DSP 处理能力，很适合于那些需要同时使用 DSP 和微控制器的应用场合。主频高达 300MIPS。

ARM9 系列微处理器主要应用于下一代无线设备、数字消费品、成像设备、工业控制、存储设备和网络设备等领域。

（4）ARM11

ARM1136J-S 发布于 2003 年，是针对高性能和高能效应而设计的，主频高达 800MIPS。ARM1136J-S 是第一个执行 ARMv6 架构指令的处理器，集成了一条具有独立的 Load/Stroe 和算术流水线的 8 级流水线。ARMv6 指令包含了针对媒体处理的单指令流多数据流扩展，采用特殊的设计改善视频处理能力。

（5）SecurCore

SecurCore 系列处理器提供了基于高性能的 32 位 RISC 技术的安全解决方案。

SecurCore 系列处理器除了具有体积小、功耗低、代码密度高等特点外，还具有它自己的特别优势，即提供了安全解决方案支持。其主要特点如下：

① 支持 ARM 指令集和 Thumb 指令集，以提高代码密度和系统性能；

② 采用软内核技术以提供最大限度的灵活性，可以防止外部对其进行扫描探测；

③ 提供了安全特性，可以抵制攻击；

④ 提供面向智能卡和低成本的存储保护单元 MPU；

⑤ 可以集成用户自己的安全特性和其他的协处理器。

11.2.5 开发工具

（1）集成开发环境

ARM ADS 是 ARM 公司推出的取代 ARM SDT 的集成开发环境，目前版本为 ARM

ADS1.2。ARM ADS 起源于 ARM SDT，对一些 SDT 的模块进行了增强，并替换了一些 SDT 的组成部分，现代集成开发环境的一些基本特征在 ARM ADS 中都有体现，ARM ADS 支持所有的 ARM 处理器。ARM ADS 可能是目前最常用的 ARM 集成开发环境，通过简单实惠的 JTAG 板可实现 ARM 处理器仿真调试功能。

RealView MDK 是 ARM 公司主推的 ARM 处理器集成开发环境，界面友好，功能强大，配合 ARM 公司的 ULINK2 仿真器，可以进行 ARM 处理器的仿真调试功能。MDK 提供某些 ARM 处理器的外设模拟器，通过外设模拟器，可以直接在 MDK 下进行外设行为的模拟，方便地进行开发。

Multi2000 是美国 Green Hills 软件公司开发的集成开发环境，支持 C/C++、Embeded C++ 等编程语言的开发和调试，可运行于 Windows 平台和 Unix 平台，支持各类设备的远程调试，同时 Multi 2000 支持众多流行的 16 位、32 位和 64 位的处理器（包括 DSP），并支持多处理器调试。Multi 2000 包含一个软件工程所需要的所有工具。

（2）ARM 仿真器

J-LINK 支持 IAR EWARM、ADS、KEIL、WINARM、Real View 等集成开发环境，支持所有 ARM7/ARM9/Cortex 内核芯片的仿真，通过 USB 接口连接 PC，操作方便，连接方便，简单易学，是学习开发 ARM 最好、最实用的开发工具。

ULINK USB-JTAG 转换器将 PC 机的 USB 端口与用户的目标硬件相连（通过 JTAG 或 OCD），使用户可在目标硬件上调试代码。通过使用 Keil μVision IDE/调试器和 ULINK USB-JTAG 转换器，用户可以很方便地编辑、下载和在实际的目标硬件上测试嵌入的程序。

（3）嵌入式

linux 是将日益流行的 Linux 操作系统进行裁剪修改，使之能在嵌入式计算机系统上运行的一种操作系统。嵌入式 linux 既继承了 Interlnet 上无限的开放源代码资源，又具有嵌入式操作系统的特性。嵌入式 linux 的特点是版权免费，而且性能优异，软件移植容易，代码开放，有许多应用软件支持，应用产品开发周期短，新产品上市迅速，因为有许多公开的代码可以参考和移植，实时性能好，稳定性好，安全性好。

Freescale i. MX 系列使用的 linux，是在 linux 内核小组发布的 linux 版本上添加了 i. MX 系列芯片的支持，使用方便。

（4）Bootloader

Bootloader 即引导加载程序，是系统加电后运行的第一段软件代码。PC 机中的引导加载程序由 BIOS（其本质就是一段固件程序）和位于硬盘 MBR 中的 OS Bootloader（比如 LILO 和 GRUB 等）一起组成。BIOS 在完成硬件检测和资源分配后，将硬盘 MBR 中的 Bootloader 读到系统的 RAM 中，然后将控制权交给 OS Bootloader。

Bootloader 的主要运行任务就是将内核映像从硬盘上读到 RAM 中，然后跳转到内核的入口点去运行，也即开始启动操作系统。而在嵌入式系统中，通常并没有像 BIOS 那样的固件程序，因此整个系统的加载启动任务完全由 Bootloader 来完成。

简单地说，Bootloader 就是在操作系统内核运行之前运行的一段小程序。通过这段小程序，可以初始化硬件设备，建立内存空间的映射图，从而将系统的软硬件环境带到一个合适的状态，以便为最终调用操作系统内核准备好正确的环境。Bootloader 有两种工作模式：正常引导模式和操作系统下载模式。

Bootloader 通常提供多种方式下载操作系统镜像，如串口、FTP、USB。Bootloader 首先将操作系统镜像下载到芯片 RAM 中，然后将其写到指定的地址空间中。Bootloader 提供丰富的命令进行各种操作。常见的嵌入式开发中的 Bootloader 有 U-boot、vivi、Redboot。

Freescale 提供的 BSP 中是 Redboot。

(5) ATK

通常 Bootloader 是通过 ARM 仿真器写到 Nandflash 或 Norfalsh 中，但 freescale 提供了一个特殊的工具 ATK（Advanced Tool Kit）来烧写 Bootloader。ATK 运行在 Windows 机器上，通过串口连接目标板下载 Bootloader，支持 i.MX 系列所有芯片。这种方式不需要 ARM 仿真器。

(6) 超级终端，Minicom，SecureCRT

这 3 个工具都是用来使目标板与目标板进行通信的，硬件连接方式都是串口，其中 Minicom 运行于 linux 机器。它们通过串口将命令或文件发给目标板，并接收回显目标板的返回数据。其中 SecureCRT 支持多种协议，其中有安全外壳协议 SSH（Secure Shell）。通过 SSH，可以通过网络远程访问 linux 机器，这样可以实现多个人使用同一台 linux 机器进行开发。

11.2.6 开发流程

(1) 没有操作系统

对于开发人员，完全可以将 ARM 芯片当作普通 MCU 使用，此时开发流程与 MCU 开发流程一致。采用这种开发方式时，软件系统一般没有操作系统，或者操作系统非常小，如 μCOS 等，这些非常小的操作系统通常只具备简单的任务切换功能。这种开发方式常用于没有 MMU（Memory Management Unit）模块的 ARM7 系列芯片中。没有操作系统的开发流程见图 11-1。

图 11-1 没有操作系统时开发流程

(2) 有操作系统

当有操作系统时（后均以 linux 为例），开发流程将完全不同。对于没有操作系统的空的开发板，要进行 Bootloader。操作系统和 Rootfs 的烧写步骤如下：

① Bootloader 下载到芯片 Flash 中；

② 使用交叉编译环境生成目标板的 linux 操作系统镜像和根文件系统镜像；

③ Windows PC 机通过串口连接目标板，运行超级终端或 SecureCRT 连接目标板；

④ 启动目标板，Bootloader 启动；

⑤ PC 机启动 TFTP；

⑥ PC 机输入 Bootloader 命令，下载操作系统和 Rootfs 镜像。

到此，操作系统已经在目标板成功建立，重启目标板，在超级终端中可以看到启动信息。当操作系统成功建立以后，程序的编写流程如下：

① 在装有 linux 的 PC 机上利用文本编辑工具编写源程序；

② 使用 gcc for arm 编译源程序，得到目标板可执行文件；

③ 通过超级终端或其他方式将可执行文件下载到目标板中；

④ 通过超级终端输入命令执行可执行文件 4FreescalePDK。

11.3　DSP 基础知识

11.3.1　DSP 芯片

DSP 芯片，也称数字信号处理器，是一种具有特殊结构的微处理器。DSP 芯片的内部采用程序和数据分开的哈佛结构，具有专门的硬件乘法器，广泛采用流水线操作，提供特殊的 DSP 指令，可以用来快速地实现各种数字信号处理算法。

（1）DSP 芯片特点

① 在一个指令周期内可完成一次乘法和一次加法。

② 程序和数据空间分开，可以同时访问指令和数据。

③ 片内具有快速 RAM，通常可通过独立的数据总线在两块中同时访问。

④ 具有低开销或无开销循环及跳转的硬件支持。

⑤ 快速的中断处理和硬件 I/O 支持。

⑥ 具有在单周期内操作的多个硬件地址产生器。

⑦ 可以并行执行多个操作。

⑧ 支持流水线操作，使取指、译码和执行等操作可以重叠执行。

与通用微处理器相比，DSP 芯片的其他通用功能相对较弱些。

（2）DSP 芯片的发展

世界上第一个单片 DSP 芯片是 1978 年 AMI 公司宣布的 S2811，1979 年美国 Intel 公司发布的商用可编程器件 2920 是 DSP 芯片发展的一个主要里程碑。这两种芯片内部都没有现代 DSP 芯片所必需的单周期芯片。1980 年，日本 NEC 公司推出的 μPD7720 是第一个具有乘法器的商用 DSP 芯片。第一个采用 CMOS 工艺生产浮点 DSP 芯片的是日本的 Hitachi 公司，它于 1982 年推出了浮点 DSP 芯片。1983 年，日本 Fujitsu 公司推出 MB8764，其指令周期为 120ns，且具有双内部总线，从而处理的吞吐量发生了一个大的飞跃。而第一个高性能的浮点 DSP 芯片应是 AT&T 公司于 1984 年推出的 DSP32。美国德克萨斯仪器公司（Texas Instruments，简称 TI）于 1982 年成功推出启迪一代 DSP 芯片 TMS32010 及其系列产品 TMS32011、TMS32C10/C14/C15/C16/C17 等，之后相继推出了第二代 DSP 芯片 TMS32020、TMS320C25/C26/C28，第三代 DSP 芯片 TMS32C30/C31/C32，第四代 DSP 芯片 TMS32C40/C44，第五代 DSP 芯片 TMS32C50/C51/C52/C53 以及集多个 DSP 于一体的高性能 DSP 芯片 TMS32C80/C82 等。自 1980 年以来，DSP 芯片得到了突飞猛进的发展，DSP 芯片的应用越来越广泛。从运算速度来看，MAC（一次乘法和一次加法）时间已经从 20 世纪 80 年代初的 400ns（如 TMS32010）降低到 40ns（如 TMS32C40），处理能力提高了 10 多倍。DSP 芯片内部关键的乘法器部件从 1980 年的占模区的 40 左右下降到 5 以下，片内 RAM 增加一个数量级以上。从制造工艺来看，1980 年采用 4μm 的 N 沟道 MOS 工艺，而现在则普遍采用亚微米 CMOS 工艺。DSP 芯片的引脚数量从 1980 年的最多 64 个增加到现在的 200 个以上，引脚数量的增加意味着结构灵活性的增加。此外，DSP 芯片的发展，使 DSP 系统的成本、体积、重量和功耗都有很大程度的下降。

（3）DSP 芯片的分类

① 按基础特性分　这是根据 DSP 芯片的工作时钟和指令类型来分类的。如果 DSP 芯片在某时钟频率范围内的任何频率上能正常工作，除计算速度有变化外，没有性能的下降，这类 DSP 芯片一般称之为静态 DSP 芯片。

如果有两种或两种以上的 DSP 芯片，它们的指令集和相应的机器代码机引脚结构相互

兼容，则这类 DSP 芯片称之为一致性的 DSP 芯片。

② 按数据格式分　这是根据 DSP 芯片工作的数据格式来分类的。数据以定点格式工作的 DSP 芯片称之为定点 DSP 芯片。以浮点格式工作的称为 DSP 芯片。不同的浮点，DSP芯片所采用的浮点格式不完全一样，有的 DSP 芯片采用自定义的浮点格式，有的 DSP 芯片则采用 IEEE 的标准浮点格式。

③ 按用途分　按照 DSP 芯片的用途来分，可分为通用型 DSP 芯片和专用型的 DSP 芯片。通用型 DSP 芯片适合普通的 DSP 应用，如 TI 公司的一系列 DSP 芯片。专用型 DSP 芯片是为特定的 DSP 运算而设计，更适合特殊的运算，如数字滤波、卷积和 FFT 等。

(4) DSP 芯片选择

设计 DSP 应用系统，选择 DSP 芯片是非常重要的一个环节。只有选定了 DSP 芯片，才能进一步设计外围电路集成系统的其他电路。

一般来说，选择 DSP 芯片时考虑如下诸多因素。

① DSP 芯片的运算速度　运算速度是 DSP 芯片的一个最重要的性能指标，也是选择DSP 芯片时所需要考虑的一个主要因素。DSP 芯片的运算速度可以用以下几种性能指标来衡量。

a. 指令周期。就是执行一条指令所需要的时间，通常以 ns 为单位。

b. MAC 时间。即一次乘法加上一次加法的时间。

c. FFT 执行时间。即运行一个 N 点 FFT 程序所需的时间。

d. MIPS。即每秒执行百万条指令。

e. MOPS。即每秒执行百万次操作。

f. MFLOPS。即每秒执行百万次浮点操作。

g. BOPS。即每秒执行十亿次操作。

② DSP 芯片的价格　根据实际的应用情况，确定一个价格适中的 DSP 芯片。

③ DSP 芯片的硬件资源。

④ DSP 芯片的运算速度。

⑤ DSP 芯片的开发工具。

⑥ DSP 芯片的功耗。

⑦ 其他的因素　如封装的形式、质量标准、生命周期等。

(5) DSP 芯片的基本结构

DSP 芯片的基本结构包括哈佛结构、流水线操作、专用的硬件乘法器、特殊的 DSP 指令和快速的指令周期。

哈佛结构的主要特点是将程序和数据存储在不同的存储空间中，即程序存储器和数据存储器是两个相互独立的存储器，每个存储器独立编址，独立访问。与两个存储器相对应的是系统中设置了程序总线和数据总线，从而使数据的吞吐率提高了一倍。由于程序和存储器在两个分开的空间中，因此取指和执行能完全重叠。

11.3.2　DSP 系统的运算量

DSP 应用系统的运算量是确定选用处理能力多大的 DSP 芯片的基础。

(1) 按样点处理

按样点处理，就是 DSP 算法对每一个输入样点循环一次。例如，一个采用 LMS 算法的256 抽头的自适应 FIR 滤波器，假定每个抽头的计算需要 3 个 MAC 周期，则 256 抽头计算需要 $256 \times 3 = 768$ 个 MAC 周期。如果采样频率为 8kHz，即样点之间的间隔为 $125\mu s$ 的时间，DSP 芯片的 MAC 周期为 $200\mu s$，则 768 个周期需要 $153.6\mu s$ 的时间，显然无法实时处理，需要选用速度更快的芯片。

（2）按帧处理

有些数字信号处理算法不是每个输入样点循环一次，而是每隔一定的时间间隔（通常称为帧）循环一次，所以选择 DSP 芯片应该比较 1 帧内 DSP 芯片的处理能力和 DSP 算法的运算量。假设 DSP 芯片的指令周期为 P（ns），1 帧的时间为 $\Delta\tau$（ns），则该 DSP 芯片在 1 帧内所提供的最大运算量为 $\Delta\tau/P$ 条指令。

11.3.3　DSP 系统的特点

数字信号处理系统是以数字信号处理为基础，因此具有数字处理的全部特点。

① 接口方便　DSP 系统与其他以现代数字技术为基础的系统或设备都是相互兼容的，这样的系统接口实现某种功能要比模拟系统与这些系统接口容易得多。

② 编程方便　DSP 系统中的可编程 DSP 芯片，可使设计人员在开发过程中灵活方便地对软件进行修改和升级。

③ 稳定性好　DSP 系统以数字处理为基础，受环境温度以及噪声的影响较小，可靠性高。

④ 精度高　16 位数字系统可以达到的精度。

⑤ 可重复性好　模拟系统的性能受元器件参数性能变化影响比较大，而数字系统基本上不受影响，因此数字系统便于测试、调试和大规模生产。

⑥ 集成方便　DSP 系统中的数字部件有高度的规范性，便于大规模集成。

11.3.4　DSP 芯片的应用

① 信号处理　如数字滤波、自适应滤波、快速傅里叶变换、相关运算、频谱分析、卷积等。

② 通信　如调制解调器、自适应均衡、数据加密、数据压缩、回波抵消、多路复用、传真、扩频通信、纠错编码、波形产生等。

③ 语音　如语音编码、语音合成、语音识别、语音增强、说话人辨认、说话人确认、语音邮件、语音储存等。

④ 图像/图形　如二维和三维图形处理、图像压缩与传输、图像增强、动画、机器人视觉等。

⑤ 军事　如保密通信、雷达处理、声呐处理、导航等。

⑥ 仪器仪表　如频谱分析、函数发生、锁相环、地震处理等。

⑦ 自动控制　如引擎控制、深空、自动驾驶、机器人控制、磁盘控制。

⑧ 医疗　如助听、超声设备、诊断工具、病人监护等。

⑨ 家用电器　如高保真音响、音乐合成、音调控制、玩具与游戏、数字电话/电视等。

参考文献

［1］ 贾好来. MCS-51单片机原理及应用. 北京：机械工业出版社，2007.

［2］ 康维新. MCS-51单片机原理与应用. 北京：轻工业出版社，2009.

［3］ 汪德彪. MCS-51单片机原理及接口技术. 北京：电子工业出版社，2009.

［4］ 刘靖. 单片机控制技术. 北京：北京理工大学出版社，2008.

［5］ 汤平. 单片机仿真与实战项目化教程（C语言版）. 北京：化学工业出版社，2013.

［6］ 樊明龙. 单片机原理与应用. 第二版. 北京：化学工业出版社，2014.